Lutz Wichter
Wolfgang Meiniger

Verankerungen und Vernagelungen
im Grundbau

Ernst & Sohn
A Wiley Company

Lutz Wichter
Wolfgang Meiniger

Verankerungen und Vernagelungen im Grundbau

Ernst & Sohn
A Wiley Company

Professor Dr.-Ing. Lutz Wichter
Brandenburgische Technische Universität
Lehrstuhl für Bodenmechanik und Grundbau (Geotechnik)
Direktor der Forschungs- und Materialprüfanstalt (FMPA)
Universitätsplatz 3–4
03044 Cottbus

Dipl.-Ing. Wolfgang Meiniger
Otto-Graf-Institut, Universität Stuttgart
Forschungs- und Materialprüfungsanstalt
für das Bauwesen (FMPA)
Abt. Geotechnik
Pfaffenwaldring 4
70569 Stuttgart

Dieses Buch enthält 150 Abbildungen und 24 Tabellen

Ein Titeldatensatz für diese Publikation ist bei
Der Deutschen Bibliothek erhältlich

ISBN 3-433-01216-4

© 2000 Ernst & Sohn
Verlag für Architektur und technische Wissenschaften GmbH, Berlin

Umschlagentwurf: grappa blotto design, Berlin
Druck: betz-druck GmbH, Darmstadt
Bindung: Wilh. Osswald + Co., Neustadt
Printed in Germany

Vorwort

Die Technik der Einleitung von Zugkräften in das Gebirge wurde bereits vor mehr als 100 Jahren bei der Firstsicherung im Bergbau mit Kurzankern angewandt. In den ersten Jahrzehnten dieses Jahrhunderts blieb der Einsatz von Ankern im Bauwesen aber auf Einzelfälle im Felsbau beschränkt. In großem Umfang fanden Verpreßanker erst Eingang in das Bauwesen, nachdem im Jahre 1958 der erste Anker im Lockergestein erfolgreich hergestellt worden war. Seitdem haben sich vorgespannte Anker und nicht vorgespannte Nägel zu wichtigen und häufig eingesetzten Konstruktionselementen im Ingenieurbau entwickelt. Ihr Einsatz für dauernde Zwecke ist in Deutschland bauaufsichtlich geregelt.

Auch Vernagelungen von Baugrubenwänden und Böschungen sind seit etwa dem Jahre 1980 fester Bestandteil der Spezialtiefbauverfahren. Das Bauverfahren „Bodenvernagelung" ist beim Einsatz für Daueraufgaben ebenfalls bauaufsichtlich geregelt worden. Es bietet z. B. bei der Herstellung von Baugruben im Vergleich zu anderen Verfahren häufig Vorteile. Der Einsatz ist allerdings an die Voraussetzung gebunden, daß der Boden über eine kurze Zeit die Herstellung einer ungestützten Steilböschung von 1,5–2,0 m Höhe erlaubt, und daß die Baumaßnahme oberhalb des Grundwasserspiegels durchgeführt wird.

Gebirgsanker (Felsbolzen) sind unverzichtbarer Bestandteil der Sicherungsmittel des modernen Tunnelbaus. Ihr Einsatz ist Voraussetzung für die Herstellung zahlreicher Großtunnel für den Verkehrswegebau in den letzten beiden Jahrzehnten gewesen. Die Anforderungen an Gebirgsanker unterscheiden sich von denen, die an vorgespannte Verpreßanker zu stellen sind. Gebirgsanker werden in Deutschland meist nur für vorübergehende Zwecke eingesetzt. Sollen sie für Daueraufgaben eingesetzt werden, so müssen sie hinsichtlich der konstruktiven Durchbildung die Anforderungen an den Korrosionsschutz erfüllen, die auch an Daueranker gestellt werden.

Anker und Nägel sind, wenn sie sachgerecht hergestellt und geprüft wurden, sichere und dauerhafte Konstruktionselemente. Im Zusammenhang mit dem Einsatz treten aber in der Praxis insbesondere dann, wenn hohe Kräfte dauerhaft in den Baugrund abgetragen werden müssen, nicht selten Fragen und auch Vorbehalte auf. Sie sind zum Teil in der Furcht vor Korrosion begründet, zum anderen Teil auch in der vermeintlichen Notwendigkeit, diese Bauteile während der gesamten Einsatzdauer überwachen zu müssen.

Das Buch soll einen Überblick über den Stand der Verankerungs- und Vernagelungstechnik vermitteln. Es entstand aus der Tätigkeit der Autoren, die seit ca. 20 Jahren mit der Prüfung und Beurteilung von Verankerungen und Vernagelungen beschäftigt sind. Die Erfahrungen von Kollegen, die bei zahlreichen Fachveranstaltungen über Anker und Nägel berichtet haben, wurden so weit als möglich eingearbeitet. Das Buch ist für die Praxis gedacht und enthält deshalb eine Anzahl von Tabellen zum Nachschlagen. Es behandelt die Herstellung und Bauarten von Verpreßankern, Bodennägeln und Gebirgsankern im Berg- und Tunnelbau, Ankerwerkstoffe und Ankerteile, die Wirkungsweise von Verpreßankern und Nägeln, die Prüfungen an Ankern sowie die Überwachungsmöglichkeiten bei verankerten Konstruktionen. Nicht zuletzt soll es Hinweise zur Vermeidung von Schäden bei Verankerungen geben.

Cottbus und Stuttgart, im Juni 2000   Lutz Wichter
                                                                      Wolfgang Meiniger

Inhalt

1 Einleitung

Mit Verankerungen und Vernagelungen ist es heute möglich, große Zugkräfte in nahezu jeden Baugrund einzuleiten und damit Ingenieurbauwerke zu errichten, die vor der Entwicklung dieser Bauelemente völlig anders ausgefallen wären. Als ein Beispiel seien hier Hängeseilbrücken genannt, deren Seilkräfte vor der Entwicklung der Ankertechnik ausschließlich durch große Totlasten aufgenommen werden mußten. Noch zu Beginn der 60er Jahre zeigte ein Blick in große und tiefe Baugruben zunächst eine Stahlbaustelle: die Aufnahme der Erddruckkräfte erforderte eine große Anzahl von Steifen aus schweren Stahlprofilen, die zudem bei größeren Baugrubenbreiten wegen der erforderlichen Knicksicherheit eine Vielzahl von vertikalen Stützungen benötigten. Ein wirtschaftliches Arbeiten war in solchen Baugruben kaum möglich, da der Einsatz größerer Geräte durch die Steifen und Stützen verhindert wurde. Ausgesteifte große Baugruben findet man heute kaum noch. Verpreßanker haben die Steifen ersetzt.

Mit der Entwicklung des Bauverfahrens Bodenvernagelung vor etwa 20 Jahren wurde es möglich, Baugruben auszuheben und die Sicherung der Baugrubenwände mit Spritzbeton und Zuggliedern aus Baustahl während des Aushubs vorzunehmen. Ramm- und Bohrarbeiten mit schwerem Gerät zur Einbringung von Verbauträgern von der Geländeoberfläche aus wurden überflüssig, wenn die Baugrundverhältnisse den Einsatz des neuen Verfahrens ermöglichten. Auch bei der Bodenvernagelung geht es darum, Zugkräfte in den Baugrund einzuleiten.

Die moderne Tunnel- und Bergbautechnik setzt in großem Umfang Gebirgsanker ein. Die sogenannte Systemankerung der Firste und der Ulme von großen Tunneln und Kavernen ist eines der wichtigsten Sicherungsmittel der heute in Europa fast ausschließlich angewandten Spritzbetonbauweise, die man auch als Neue Österreichische Tunnelbauweise bezeichnet. Auch hier ist es erst durch den Einsatz von Ankern in Verbindung mit dem Sicherungsmittel Spritzbeton möglich geworden, beim Tunnelvortrieb auf Steifen weitgehend zu verzichten und für den Ausbruch und die Sicherung große Maschinen einzusetzen. Die zahlreichen seit etwa dem Jahr 1980 in Deutschland ausgeführten Tunnelbauten für Neubaustrecken der Bahn und für leistungsfähige Fernstraßen und Ortsumgehungen wären ohne den Einsatz von Gebirgsankern kaum mit vernünftigem Aufwand möglich gewesen.

Die Einleitung von Zugkräften in den Baugrund mit Ankern und die dafür erforderlichen Materialien, Verfahren und Prüfvorschriften sind der Gegenstand dieses Buches. Der Begriff „Anker" wird im Bauwesen häufig sowohl für vorgespannte als auch für nicht vorgespannte Bauteile verwendet. Die mechanische Wirkungsweise und auch das technische Regelwerk lassen es aber sinnvoll erscheinen, zwischen Bodennägeln, Zugpfählen und Verpreßankern zu unterscheiden.

- **Bodennägel, Felsnägel**

Nägel sind nicht vorgespannte, auf der ganzen Länge im Boden oder Fels in einem Verpreßkörper liegende Zugglieder. Es ist üblich, von Nägeln zu sprechen, wenn die Durchmesser der Zugglieder nicht größer als 32 mm sind. Die kennzeichnende Eigenschaft von

Nägeln ist es, daß sie (wie die Nägel im Holzbau) planmäßig auch auf Scherung beansprucht werden können (deshalb wurde der Begriff „Bodenvernagelung" geprägt). Nägel benötigen eine geringe (Scher-)dehnung des umliegenden Bodens in Nagelrichtung, um mechanisch wirksam zu werden. Bei der Bemessung darf der Scherwiderstand jedoch nur dann angesetzt werden, wenn es sich nicht um eine Maßnahme handelt, die für dauernde Zwecke vorgesehen ist. Um den Scherwiderstand zu aktivieren, sind Verschiebungen notwendig, die zu einer Zerstörung des Korrosionsschutzes der Nägel führen, wenn die Zugglieder aus Stahl bestehen. Im bauaufsichtlich geregelten Bereich dürfen Nägel nur auf Zug beansprucht und bemessen werden.

- **Zugpfähle**

Zugpfähle können aus Walzstahlprofilen (RIV-Pfähle) oder Betonstabstählen bestehen. Große Verbreitung haben in den letzten Jahren Zugpfähle erfahren, deren Tragglieder aus GEWI-Betonstabstählen mit aufgerolltem Gewinde (Linksgewinde) bestehen. Üblich sind Durchmesser von 40 mm, 50 mm und 63,5 mm. Zugpfähle sind wie Nägel auf der ganzen Länge im Boden mit diesem kraftschlüssig verbunden. Zugpfähle dienen vornehmlich der direkten Aufnahme von Zugkräften (z. B. bei Auftriebssicherungen).

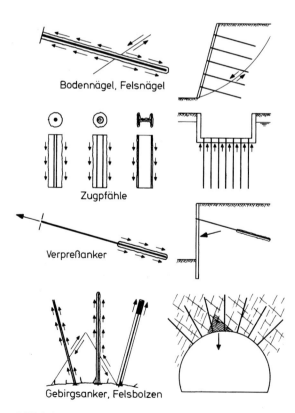

Bild 1-1 Nägel, Zugpfähle, Verpreßanker, Gebirgsanker

- **Verpreßanker**

Verpreßanker bestehen aus drei Hauptteilen, nämlich dem Stahlzugglied, dem Ankerkopf und dem Verpreßkörper. Das Stahlzugglied, meist ein Spannstahl, ist zwischen dem Verpreßkörper und dem Ankerkopf in Längsrichtung frei beweglich und wird nach dem Erhärten des Verpreßkörpers vorgespannt (gezogen). Die dadurch erzeugte Ankerkraft wirkt dann aktiv auf das verankerte Bauteil oder den verankerten Erdkörper ein. Ein Verpreßanker benötigt also keine Verschiebungen, um wirksam zu werden. Verpreßanker dienen allein zur Aufnahme von Zugkräften. Durch Scherbeanspruchungen werden sie zerstört.

- **Gebirgsanker**

Im Bergbau und Tunnelbau heißen alle in das Gebirge zu Sicherungszwecken eingebrachten Zugglieder Anker, gleichgültig ob sie vorgespannt werden oder nicht. Besonders im Bergbau sind die Gebirgsanker wegen der großen erlaubten Gebirgsdeformationen meist auch Scherbeanspruchungen ausgesetzt. Die meisten Anker in diesem Bereich des Berg- und Bauingenieurwesens sind daher nach der oben genannten Definition eigentlich Nägel. Man spricht auch von Felsbolzen (in Anlehnung an die englische Bezeichnung „rock bolts"). Da sich in der Praxis des Berg- und Tunnelbaus oft Längs- und Querkräfte auf die Felsbolzen oder Gebirgsanker einstellen, darf man diese Sicherungselemente, sofern das Zugglied aus Stahl besteht, planmäßig nur für vorübergehende Zwecke einsetzen (wie dies in der Regel beim untertägigen Bauen auch geschieht). Sollen sie für dauerhafte Zwecke eingebaut werden, so müssen die Scherverschiebungen auf ein Maß begrenzt werden, das den Korrosionsschutz (der meist nur aus dem das Zugglied umgebenden Zementmörtel besteht) unversehrt läßt. Auch der Einbau doppelt korrosionsgeschützter Gebirgsanker ist bei der Anwendung für dauernde Zwecke zu erwägen.

BAU-SANIERUNGSTECHNIK GMBH

Sanierung

Alte Stützmauern

Beibehalt der originalen Bausubstanz
durch
Selbsttragende Erdvernagelung
(Europ. Patent)
für denkmalgeschützte Stützmauern

Pfeiler-Rücklagen

Pfeiler-Rücklagen
(Europ. Patent)
wie vor,
wenn Leitungen hinderlich sind

Sandanker

Sandanker
(Patent angem.)
wie vor, besonders umweltfreundlich
ohne Bindemittel-Verpressung

Neubau

Montage-Stützwand

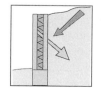

Betonwand
auf
Einzelfundamenten
+ Rückverankerung

Vorsatz-Stützwand

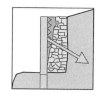

Betonwand
vor
desolater Altwand auf
Einzelfundamenten
+ Rückverankerung

Bio-Stützwand

Stützwand
durch
Erdvernagelung, Wurzelwerk
& Begrünung

Seit 20 Jahren auf Stat. Sicherung durch Sanierung + Neubau **spezialisiert.**
Preiswertere Alternativen durch fortschreitende praktische
und wissenschaftliche Erkenntnisse

Bau-Sanierungstechnik GmbH

64579 Gernsheim	08371 Glachau
Friedrich-Woehler-Str. 9	Nikolaus-Otto-Str. 4
Tel.: 06258/933 90	Tel.: 03763/793 30
Fax: 06258/933 933	Fax: 03763/793 320
e-mail: bst-gerns@t-online.de	e-mail: bst-glauch@t-online.de

online: http://www.bau-sanierungstechnik.de

2   Entwicklung der Ankertechnik

Die Anfänge der Ankertechnik gehen auf die Verwendung von Stahlstäben zur Firstsicherung im Bergbau zurück. Im Oberschlesischen Kohlerevier wurde diese Methode bereits zum Beginn des vergangenen Jahrhunderts eingesetzt.

Die Entwicklung von vorgespannten Verpreßankern begann in Frankreich in den Jahren 1934 bis 1940 mit Konstruktionen der Firmen „Rodio" und „Sondages, Etanchement, Consolidation" (heute Soletanche). Sie setzten die Ideen von Coyne und Freyssinet um, indem sie die Schwierigkeiten bei der Verankerung des Stahlzuggliedes im Kopfbereich und im Bereich der Verpreßkörper überwanden. Die Verankerungsstrecken lagen im Fels oder im Massenbeton von Staumauern. In Versuchen wurden Ankerkräfte bis zu 12 MN erreicht. Das waren für die damalige Zeit außerordentlich hohe Kräfte, die aufwendige Dimensionen der Ankerkonstruktion erforderten. Die Anker wurden in den Jahren 1934 bis1940 bei der Ertüchtigung bzw. Erhöhung einiger Staumauern in Algerien eingesetzt (Barrage de l'Oued Fergoud 1934/2,85 MN; Barrage de Cheurfas 1935/10 MN; Barrage de Bou-Hanifia 1938/10 MN)

Nach dem 2. Weltkrieg wurden Verpreßanker auch für andere Anwendungszwecke eingesetzt. Beispiele dafür sind die Staumauer Castillon (Frankreich 1948) oder Vajont (Italien 1960), bei denen im Bereich der seitlichen Widerlager der Mauern die Felsböschungen durch vorgespannte Anker ertüchtigt wurden, oder Anwendungen beim Bau von Kraftwerkskavernen in der Schweiz (Maggiawerke 1954; Grand-Dixence, Kaverne Nendaz 1957). Bild 2-1 zeigt das verankerte in Fließrichtung gesehen linke Felswiderlager der Talsperre Vajont in Oberitalien, das der 70 m hohen Überströmung der Mauerkrone während des durch einen gewaltigen Bergrutsch verursachten Unglückes am 9. Oktober 1963 standgehalten hat [1].

Bemerkenswert ist die Entwicklung der Ausbildung der Ankerköpfe, die in dieser Zeit vorangetrieben wurde. Bei der Staumauer Cheurfas bestand ein Ankerkopf noch aus einem Betonblock mit einem Gewicht von ca. 50 kN. An der Staumauer Bou-Hanifia wurde eine Kopfkonstruktion aus Stahl mit einem Gewicht von ca. 15 kN verwendet. Nach dem Krieg bestanden die Ankerköpfe dann nur noch aus Keilträgern mit relativ kleinen Durchmessern, die auf Ankerplatten aufgelegt wurden.

Die Entwicklung der Verpreßanker im Lockergestein begann im Jahr 1958 und wurde eigentlich durch einen verfahrenstechnischen Fehlschlag eingeleitet. Bis zu diesem Zeitpunkt wurden Baugrubenwände immer durch Steifen gesichert. Die Baugrube für den Neubau des Bayerischen Rundfunks in München sollte als überschnittene Bohrpfahlwand (die erste in Deutschland) und erstmals ohne Steifen ausgeführt werden. Deshalb sollten jeweils mehrere Zugglieder in Verankerungsbrunnen (sog. Tote Männer) ca. 10 m hinter der Wand fixiert werden, ähnlich wie es seit langer Zeit für die Verankerung von Spundwänden mit eingegrabenen Ankerwänden üblich war. Es erwies sich aber als schwierig, die Brunnen mit der seinerzeit verfügbaren Bohrtechnik zu treffen. Eine große Zahl von Bohrungen verfehlte die Schächte. Nachdem man beim Zurückziehen der Gestänge in dem anstehenden groben Kies Widerstände in der Größenordnung der geplanten Ankerkräfte überwinden mußte, wurde der Versuch

Bild 2-1
Widerlagerverankerung der Talsperre Vajont in den
italienischen Alpen

unternommen, diesen Widerstand durch Einbringen von Zementsuspension zu verstärken und
auszunutzen. Dazu wurden die verlorenen Bohrkronen mit einem Gewinde versehen. Nach
dem Erreichen der gewünschten Bohrtiefe wurden durch das Gestänge Zugstangen in die
Bohrkronen eingeschraubt. Beim Zurückziehen des Gestänges wurden dann die unteren 5 m
des Bohrloches mit Zementsuspension verpreßt. Die Probebelastung nach einigen Tagen zeigte, daß die so hergestellten Anker bis zur Fließgrenze des Stahls belastet werden konnten [2].

Nach dem Erfolg dieser Versuche wurde die Ankertechnik zunächst vor allem von der
Fa. Bauer (Schrobenhausen) planmäßig weiterentwickelt. Für die Sicherung von Baugrubenwänden war der für temporäre Zwecke eingesetzte Verpreßanker bald ein fester Bestandteil
der Methoden des Spezialtiefbaus. Etwa von der Mitte der 60er Jahre an wurden Systeme
entwickelt, mit denen die nun eingesetzten Spannstähle von Verpreßankern gegen Korrosion
zuverlässig geschützt werden konnten. So wurde es möglich, Verpreßanker auch für die dauerhafte Einleitung von Zugkräften in den Baugrund einzusetzen. Dazu wurde eine bauaufsichtliche Regelung des Einsatzes erforderlich. Schließlich erschien im Jahr 1976 die erste
Fassung der DIN 4125, die seinerzeit noch zwischen Ankern für vorübergehende Zwecke und
Dauerankern unterschied. In der derzeit gültigen Fassung der Norm, die 1990 verabschiedet
wurde, ist dies nicht mehr der Fall. Eine ausführliche Darstellung über die Entwicklung der
Verpreßankertechnik in Deutschland gibt Ostermayer [3].

Verankerungen finden heute bei einer Vielzahl von Bauaufgaben Anwendung, bei denen große Zugkräfte in den Boden eingeleitet werden müssen. Manche bedeutenden Ingenieurbauwerke der letzten Jahrzehnte wären ohne Verankerungen kaum auszuführen gewesen. Bild 2-2
zeigt Skizzen einiger Einsatzbereiche.

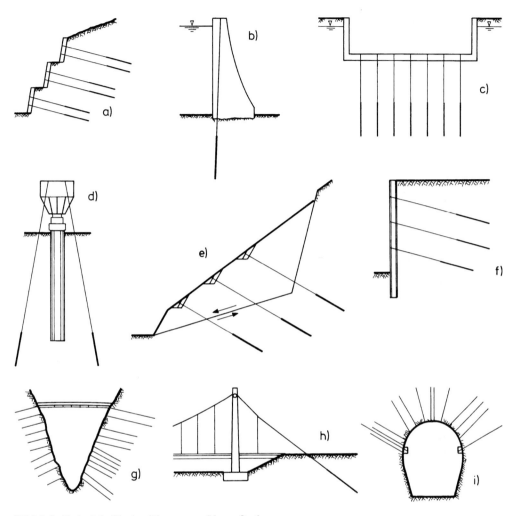

Bild 2-2 Beispiele für den Einsatz von Verpreßankern

    a) Verankerte Stützmauer   f) Baugrubenverbau

    b) Staumauerertüchtigung   g) Widerlagerverstärkung einer Talsperre

    c) Auftriebssicherung   h) Abspannung einer Hängeseilbrücke

    d) Pfahlprobebelastung   i) Firstsicherung in einer Kaverne

    e) Hangsicherung

Ihr Partner für Verankerungstechnik.

Wir sind Hersteller von Mehrzweckbohrausrüstungen in Leichtbauweise, in pneumatischer sowie hydraulischer Ausführung.

Durch unser Baukastenprinzip sind wir in der Lage die Bohrausrüstung mit einer Vielzahl von Halterungen zu kombinieren und so den Bedürfnissen im Gelände, auf Rohrgerüst, an Betonwänden und Bauelementen gerecht zu werden. Außerdem kann die Bohrausrüstung an Minibagger, Bagger, Kran, Radlader und sonstige Trägergeräte angebaut werden.

Die Mehrzweckbohrausrüstung kann eingesetzt werden

1) beim Einbohren von Selbstbohrankern 150kN bis 400 kN
   - im Lawinenverbau
   - bei Hangsicherung
   - bei Stützmauerverankerung
   - bei Baugrubensicherung
   - bei Tunnelsicherung
   - bei Sanierung von alten Gebäuden und Gemäuern
   - bei Injektionen in Kellerräumen bei Absenken von Gebäuden.

2) bei Bohrungen mit Imlochhammer für Sprenglochbohrungen oder Verankerungen.
3) bei Bohrungen mit Außenlochhammer für Sprenglochbohrungen.
4) bei Kernbohrungen.
5) bei verrohrtem Bohren.

MORATH
Bohr-und Druckluftwerkzeuge

Franz Morath
Bohr- und Druckluftwerkzeuge
Am Riedbach 7
79774 Albbruck-Birndorf
Tel. 07753/93 96-0, Fax 93 96-69
e-mail: fa.morath@t-online.de

3 Herstellung und Bauarten von Verpreßankern

3.1 Ankerbohrverfahren

Die Wahl des im Hinblick auf das anstehende Gebirge geeigneten Bohrverfahrens nimmt großen Einfluß auf die Leistung und damit die Kosten einer Ankerbaustelle. Für Ankerbohrungen sind Bohrdurchmesser von 80 bis 150 mm Durchmesser üblich. Größere Durchmesser werden in Sonderfällen notwendig, z. B. bei sehr hohen Ankerkräften im Fels. Ankerlängen von 50 m und mehr sind heute technisch herstellbar. Sie erfordern, neben leistungsfähigen Bohrgeräten, eine erfahrene und verantwortungsbewußte Bohrmannschaft. Die erzielbare Richtungsgenauigkeit von Ankerbohrungen hängt von vielen Faktoren (Baugrund, Bohrverfahren, Gestängegüte etc.) ab. Auch bei sorgfältiger Ausführung muß man mit Abweichungen von ca. 2 % der Bohrlochlänge rechnen; das sollte beim Entwurf der Verankerung berücksichtigt werden. Wenn höhere Anforderungen an die Richtungsgenauigkeit gestellt werden, müssen die Bohrlöcher vermessen werden. Dazu gibt es Geräte, deren Einsatz aber immer mit einem Bohrstillstand verbunden ist (z. B. Inklinometer).

3.1.1 Bohrungen im Lockergestein

Die für die Herstellung von Ankern gebräuchlichen Bohrverfahren in Lockergestein und Fels ohne Wasserüberdruck sind in Tabelle 3-1 zusammengestellt. Bild 3-1 zeigt das Prinzip der einzelnen Bohrverfahren.

Die Tragfähigkeit der Anker kann bei bindigen Böden und in tonig-schluffigen mürben Felsarten vom Bohrverfahren stark beeinflußt werden, vor allem dann, wenn das Gebirge Wasser führt. Die Rauhigkeit und Sauberkeit der Bohrlochwand bestimmen, neben den Gebirgseigenschaften, die aufnehmbare Schubspannung auf der Verpreßkörperoberfläche.

Tabelle 3-1   Übliche Ankerbohrverfahren

Bezeichnung des Bohrverfahrens	Verrohrung	Spülung	Haupteinsatzgebiete
Rammbohrung	ja	nein	locker bis mitteldicht gelagerte nichtbindige Böden (Einsatz auch bei Bohrungen gegen drückendes Grundwasser)
Drehschlagbohrung, Außenhammer	nein	Luft	Fels
Drehschlagbohrung, Senkhammer	nein	Luft	Fels, feste bindige Böden ohne Wasser
Überlagerungsbohrung	ja	Luft Wasser	vor allem in nichtbindigen und bindigen, wenig standfesten Böden
Schneckenbohrung	nein	nein	in standfesten bindigen Böden oder weichem Fels
Kernbohrung	ja	Wasser	Fels, Beton, in Ausnahmefällen bindige Böden

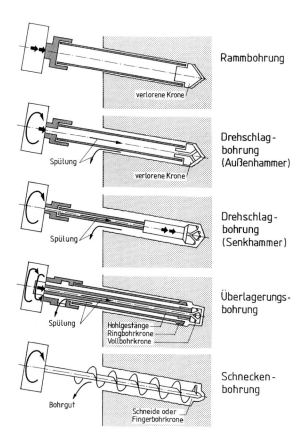

Bild 3-1 Prinzip der Ankerbohrverfahren

Moderne Ankerbohrgeräte (Bild 3-2) sind meist auf einem Raupenfahrwerk montiert und haben Gestängemagazine. Die Bohrleistungen können, bei günstigen Bedingungen, 100 m und mehr pro Tag erreichen.

3.1.2   Bohrungen in Fels

Bohrungen in hartem Fels werden meist drehschlagend mit Luftspülung hergestellt. Als Bohrwerkzeug wird ein Senkhammer (Imlochhammer) mit Warzenbohrkrone eingesetzt. In besonderen Fällen ist die Krone als Exzenter ausgebildet, mit dem der Bohrlochdurchmesser ab einer bestimmten Tiefe vergrößert werden kann. Bei tieferliegendem Felshorizont wird im Bereich der nicht standfesten Lockergesteinsschichten eine Verrohrung eingedreht (Überlagerungsbohrung) und mit Erreichen des Felshorizontes lediglich mit dem Imlochhammer weiter gebohrt. Manche Felsarten, die hinsichtlich ihrer Härte an der Grenze zum Lockergestein anzusiedeln sind, lassen sich auch ohne Spülung mit einer Schnecke und aufgesetzter Felsbohrkrone bohren.

Bild 3-2 Modernes Ankerbohrgerät mit Gestängemagazin

3.1.3   Bohrungen gegen drückendes Wasser

Die Ankerherstellung gegen drückendes Wasser hat in Deutschland vor allem bei den zahlreichen Großbauten in Berlin an Bedeutung gewonnen. Der Berliner Baugrund mit seinen kohäsionslosen Fein- und Mittelsanden stellt die Ankertechnik dabei vor besondere Probleme. Die Sandböden neigen auch bei geringen Leckagen am Bohrlochmund zum Ausfließen aus dem Bohrloch mit dadurch hervorgerufenen Geländesetzungen. Aber auch in anderen geologischen Verhältnissen ist die Ankerherstellung gegen drückendes Wasser schwierig und nicht selten mit finanziellen Verlusten verbunden. Neben der technischen Aufgabe, das Bohrloch während des Bohrens und danach abzudichten, ist auch die Herstellung eines tragfähigen Verpreßkörpers gegen das drückende Wasser nicht einfach. Wann immer es geht, sollte man deshalb versuchen, die Anker über dem Grundwasserspiegel anzusetzen.

Beim Abteufen einer Ankerbohrung gegen drückendes Grundwasser muß der Durchgang durch die Baugrubenwand und das bergseitige Ende der Verrohrung jederzeit abdichtbar sein. Im Bereich des Durchganges durch die Baugrubenwand kann dies z. B. durch eine auf die Wand aufgeschraubte oder angeschweißte Kappe erfolgen, in die ein Packer integriert ist. Das bergseitige Ende der Verrohrung kann durch speziell ausgebildete Bohrkronen im Bedarfsfall abgedichtet werden. Dies erfolgt bei Überlagerungsbohrungen z. B. dadurch, daß der Ringspalt zwischen Bohrkrone und Verrohrung durch Zurückfahren des Innengestänges verschlossen wird. Bei Einfachverrohrung ist in die verlorene Bohrkrone ein Kugelventil integriert, das sich beim Einströmen des Grundwassers in die Verrohrung schließt. Nach dem Verfüllen der Verrohrung mit Suspension bzw. nach dem Verpressen sowie nach dem Abstoßen der verlorenen Bohrkrone verbleibt jedoch immer noch ein Restrisiko, daß die Suspension durch den Wasserüberdruck wieder ausgespült wird. Dem kann durch die Reduzierung des Wasser-Zement-Faktors beim Verpressen (Ausfiltern des Wassers in nichtbindigen Böden) entgegengewirkt werden.

3.1.4 Selbstbohrende Anker

Vor allem für die Herstellung von Verankerungen für vorübergehende Zwecke werden am Markt selbstbohrende Anker angeboten. Ein Hohlbohrgestänge mit aufgerolltem Außengewinde trägt eine verlorene Bohrkrone mit Spülöffnungen. Das Gestänge bildet gleichzeitig das Stahlzugglied. Gebohrt wird in der Regel drehschlagend. Verpreßt wird durch das Gestänge. Die Herstellung eines definierten Verpreßkörpers und einer klar begrenzten freien Stahllänge ist bei diesen Verfahren kaum zu überprüfen. Dennoch werden sie aus Kostengründen bei geeigneten Randbedingungen gern und mit Erfolg eingesetzt. Bild 3-3 zeigt das Prinzip eines selbstbohrenden Ankers.

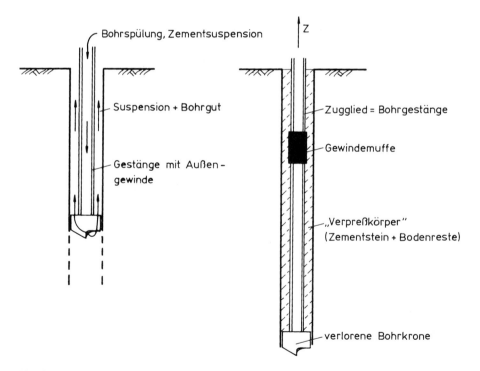

Bild 3-3 Herstellungsprinzip eines selbstbohrenden Ankers

3.1.5   Ankereinbau und Verpressen

Nach der Fertigstellung des Bohrloches wird der Anker eingebaut und die Zementsuspension eingebracht. Dabei sind folgende Verfahren möglich:

a) Unverrohrte Bohrungen
    Verfüllen der Bohrung vom Bohrlochtiefsten mit Zementsuspension und Einbau des Ankers in das verfüllte Bohrloch.
    Bei standfesten und von Bohrgut gereinigten Bohrungen im Fels kann der Anker zusammen mit einem am Anker befestigten Verpreßschlauch in das unverfüllte Bohrloch eingebaut und nach dem Einbau vom Bohrlochtiefsten her durch den Schlauch mit Suspension verfüllt werden.

b) Verrohrte Bohrungen
    Verfüllen der Verrohrung mit Zementsuspension durch das Innengestänge oder, bei Einfachverrohrung und Außenspülung, mittels einer aufgeschraubten Verpreßkappe und anschließendem Einbau des Ankers.

Bei allen Verfahren muß solange verfüllt werden, bis die Suspension am Bohrlochmund austritt und der Suspensionsspiegel nicht mehr absinkt. Dies ist besonders wichtig bei unverrohrten Bohrungen.

Beim Einbringen des vormontierten und mit Abstandhaltern versehenen Ankers in das Bohrloch muß verhindert werden, daß die für den Korrosionsschutz wichtigen Kunststoffteile beschädigt werden. Besondere Gefahrenquellen sind dabei scharfkantige Rohrenden am Bohrlochmund oder das unsachgemäße Anhängen des Ankers an ein Hebezeug. Gegen scharfkantige Rohrenden hilft das Aufsetzen einer Einführungstrompete oder eines gerundeten Kunststoffringes. Beschädigungen durch das Hebezeug vermeidet man, indem man den Anker vor dem Anheben auf ein U-förmiges Stahlprofil auflegt, oder indem man den Einbau von einer Trommel vornimmt. Bild 3-4 zeigt den richtigen Einbau eines langen Litzenankers unter Beteiligung der gesamten Baustellenbelegschaft.

Bei verrohrten Bohrungen wird anschließend über einen Verpreßkopf weiter Zementsuspension unter einem Druck von 5 bis 15 bar eingepreßt (daher der Name Verpreßanker); die Verrohrung wird dabei abschnittsweise bis zum Beginn der Verpreßstrecke zurückgezogen. Danach erfolgt das Freispülen des Ankers in der freien Stahllänge mittels einer Spüllanze, die bis zum Beginn des Verpreßkörpers eingeführt wird. Spülmedium ist meist Wasser.

Für das Herstellen der Suspension dürfen Zemente nach DIN 1164 verwendet werden. Der w/z-Faktor muß zwischen 0,35 und 0,70 liegen. Dabei ist zu beachten, daß Suspensionen mit einem w/z-Faktor über $w/z = 0,5$ nur in nichtbindigen Böden eingesetzt werden, die in der Lage sind, beim Verpreßvorgang Wasser abzufiltern. In bindigen Böden und Fels sollte der w/z-Faktor möglichst niedrig gewählt werden und kleiner als $w/z = 0,45$ sein. Bei w/z-Faktoren unter 0,40 können Probleme bei der Förderung der Suspension durch die Verpreßleitungen auftreten.

Bild 3-4 Einbau eines langen Litzenankers

Beim Einbringen der Suspension muß die tatsächlich vom Bohrloch aufgenommene Suspensionsmenge mit dem theoretischen Bohrlochvolumen verglichen werden. Je nach Baugrundeigenschaften und Einbringverfahren liegt die tatsächlich benötigte Suspensionsmenge im Normalfall um ca. 50 bis 200 % über dem theoretisch erforderlichen Volumen. Übersteigt die tatsächlich eingebrachte Suspensionsmenge die theoretische erheblich, so sind die Ursachen festzustellen und unter Umständen durch besondere Maßnahmen (die sehr aufwendig sein können, z. B. Vorvergüten des Gebirges, Einsatz von Geotextilschläuchen o. ä.) die Herstellung des Verpreßkörpers zu gewährleisten. Bei Felsankern mit standfesten Bohrlöchern kann die Notwendigkeit von Zusatzmaßnahmen durch Befahren der Bohrlöcher mit einer Fernsehkamera oder durch Wasserabpreßversuche im voraus untersucht werden.

Nicht selten werden beim Herstellen von Ankern in wassergesättigten Sanden Setzungen an der Geländeoberfläche hervorgerufen, besonders wenn die Sande nur locker oder mitteldicht gelagert sind. Die Ursache dafür ist meist eine durch die Bohrerschütterungen bewirkte Verdichtung der Sande, verbunden mit dem Zusammenbruch des Bohrloches in der freien Stahllänge nach dem Ziehen der Verrohrung. Bei Ankern unter setzungsempfindlichen Bauwerken sollte man deshalb möglichst erschütterungsfrei bohren und das Bohrloch in der freien Stahllänge mit einer Bentonit-Zementsuspension vor dem Ziehen der Verrohrung stabilisieren.

Wenn die Anker steigend hergestellt werden müssen (z. B. in der Firste von Kavernen), wird anders verfahren. Die gesamte Ankerherstellung sowie die Begrenzung des Verpreßkörpers

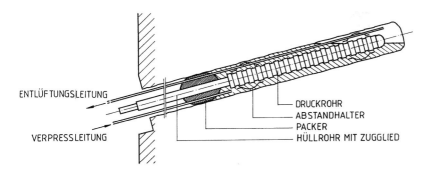

ENTLÜFTUNGSLEITUNG

VERPRESSLEITUNG

DRUCKROHR
ABSTANDHALTER
PACKER
HÜLLROHR MIT ZUGGLIED

Bild 3-5 Herstellung eines Ankers „über Kopf"

sind wesentlich aufwendiger als bei fallend eingebauten Ankern. Durch Packer muß dafür gesorgt werden, daß die Verpreßlänge zur Luftseite hin abgeschlossen wird. Das Verpressen erfolgt durch ein den Packer durchdringendes Verpreßrohr. Während des Verpressens muß die Verpreßstrecke durch ein weiteres Rohr am höchsten Punkt entlüftet werden. Bild 3-5 zeigt das Prinzip eines Ankereinbaus „über Kopf".

3.1.6   Nachverpressen

Zur Erhöhung der Tragfähigkeit des Verpreßkörpers kann man, in der Regel etwa einen Tag nach der Erstverpressung beginnend, eine oder mehrere Nachverpressungen durchführen. Ziel des Nachverpressens ist es, durch das zusätzliche Einbringen von Zementsuspension um den Verpreßkörper, dessen radiale Verspannung im Baugrund zu erhöhen und durch Vergrößerung einzelner Bereiche des Verpreßkörpers den Formschluß zu verbessern. Insbesondere in bindigen Böden sind Nachverpressungen ein bewährtes Mittel zur Tragkrafterhöhung.

Die Nachverpressung erfolgt über eine oder mehrere zusammen mit dem Zugglied eingebaute Kunststoffleitungen (Bild 3-6). Der bereits etwas erhärtete Verpreßkörper wird nochmals aufgesprengt, und es wird zusätzliche Zementsuspension in das Gebirge und um die Mantelfläche des Verpreßkörpers eingepreßt. Die Verzahnung und Verspannung des Verpreßkörpers mit dem Gebirge werden dadurch verbessert, und es werden (in Abhängigkeit vom Boden) Tragkrafterhöhungen bis ca. 30 % möglich (zur möglichen Tragfähigkeitserhöhung durch Nachverpressen siehe Kapitel 5). Üblich sind beim Nachverpressen Drücke von 5 bis 30 bar.

Durch das Nachverpressen wird der Boden nicht gleichmäßig auf der gesamten Länge des Verpreßkörpers komprimiert. Meist öffnet sich an einem Verpreßrohr mit mehreren Ventilen nur das Ventil mit dem geringsten Aufsprengwiderstand, und in dessen Umgebung verbleibt das Nachverpreßgut. Will man möglichst über die gesamte Verpreßkörperlänge eine Tragfähigkeitsverbesserung erreichen, so muß man entweder mehrere Verpreßrohre mit je einem Ventil am Ende gestaffelt einbauen oder mit Manschettenrohr und Doppelpacker jeden Abschnitt des Verpreßkörpers gezielt ein- oder mehrfach nachverpressen. Auch ein Aufsprengen des Verpreßkörpers auf der gesamten Länge durch Aufweiten eines dehnbaren Kunststoff-

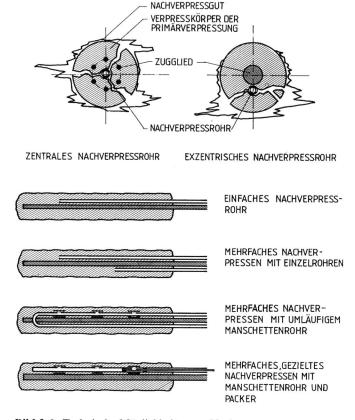

Bild 3-6 Technische Möglichkeiten zur Nachverpressung

schlauches und anschließendes Injizieren durch ein gesondertes Verpreßrohr wird praktiziert. Auf dieses Verfahren wurde der Fa. Bilfinger + Berger ein Patent erteilt. Bild 3-7 zeigt schematisch die durch Nachverpressung veränderte Geometrie von Verpreßkörpern.

Mehr noch als bei Primärverpressungen muß beim Nachverpressen darauf geachtet werden, daß durch die hohen Drücke keine Schäden im Umfeld der Verankerungsmaßnahme (Anheben von Gebäuden oder Geländeteilen, Eindringen von Verpreßgut in Kanäle, Keller oder Gewässer, großflächiges Aufweiten von Klüften usw.) entstehen.

3.1.7   Montage des Ankerkopfes

Insbesondere bei Dauerankern kommt der fachgerechten Montage des Ankerkopfes besondere Bedeutung zu, denn davon hängt die Güte des Korrosionsschutzes in diesem korrosionsgefährdeten Bereich entscheidend ab. Besondere Aufmerksamkeit verdient dabei die Abdichtung des bergseitigen Endes des Überschubrohres gegen die Kunststoffumhüllung des Ankerstahles in der freien Stahllänge sowie das vollständige Verfüllen des Überschubrohres mit

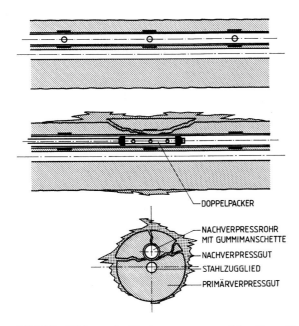

Bild 3-7 Wirkung der Nachverpressung auf den Verpreßkörper

Korrosionsschutzpaste. Es ist in der Praxis nicht immer leicht, z. B. das Überschubrohr so über das Stahlzugglied zu schieben, daß der Abschluß dicht bleibt. Oft muß der Ringraum aufwendig und gleichzeitig vorsichtig von überflüssigem Zementstein gesäubert werden. Nicht selten wurde nach dem Ankereinbau versäumt, die Zugglieder im Kopfbereich zu zentrieren, usw. Die möglichst zwängungsfreie und dichte Montage des Ankerkopfes ist aber Voraussetzung für die Dauerhaftigkeit des Ankers. Gravierende Fehler, Nachlässigkeit und Schlamperei können zum Versagen des Ankers noch während der Gewährleistungszeit führen.

3.1.8   Spannen und Festlegen

Für das Spannen und Festlegen von Verpreßankern sind, je nach Ankertyp, verschiedene Geräte und Werkzeuge notwendig. Einzelheiten sind jeweils in den Zulassungsbescheiden für die verschiedenen Ankertypen bzw. Spannverfahren beschrieben. Ganz allgemein gilt, daß beim Übertragen der Spannkraft auf die Ankermutter bzw. die Verkeilung ein Schlupf auftritt, der beim Aufbringen der Festlegekraft berücksichtigt werden muß. Die Größenordnung des zu erwartenden und zu berücksichtigenden Schlupfes ist in den Zulassungsbescheiden der Spannverfahren festgelegt.

Wichtig ist, daß die Unterkonstruktion die maximale Spannkraft auch aufnehmen kann (siehe dazu auch Kapitel 8). Unter Umständen muß das Spannen in Schritten unter Berücksichtigung des Baufortschritts erfolgen, wenn die Unterkonstruktion (z. B. durch Hinterfüllung) erst später in der Lage ist, Kräfte aufzunehmen. Auch das gleichzeitige Spannen mehrerer Anker kann notwendig werden, um die Überbelastung eines Bauteils zu vermeiden (Bild 3-8).

Bild 3-8 Gleichzeitiges Spannen von drei Ankern bei einer Felssicherung

3.2   Bauarten von Verpreßankern

In Abhängigkeit von der Art der Krafteinleitung in den Baugrund, der Art des Stahlzuggliedes und der vorgesehenen Einsatzzeit unterscheidet man die in Tabelle 3-2 zusammengestellten Bauarten von Ankern für den Einsatz in Boden und Fels.

3.2.1   Verbundanker

Bei Verbundankern umschließt der Verpreßkörper das Stahlzugglied im Bereich der Krafteinleitungsstrecke vollständig. Die Ankerkräfte werden durch Formschluß von dem blanken strukturierten oder glatten Stahl (gerippte Einzelstäbe oder verseilte Drähte) in den Zementstein des Verpreßkörpers übertragen. Dieser leitet sie dann in den Baugrund ab. Im Verpreßkörper entstehen durch die hohen Kräfte und die damit verbundenen Dehnungen des Stahlzuggliedes Querrisse, die im Hinblick auf den Korrosionsschutz unerwünscht sind und in diesem Bereich besonders bei Dauerankern besondere Aufmerksamkeit erfordern. Bild 3-9 zeigt das Prinzip eines Verbundankers, Bild 3-10 einen solchen Anker vor dem Einbau.

Verbundanker werden in der Praxis am häufigsten sowohl für vorübergehende Zwecke als auch für bleibende Verankerungen eingesetzt. Die derzeit zugelassenen Verbundanker können der Liste der Zulassungsbescheide im Anhang 1 entnommen werden (dieser Anhang enthält auch die Liste der gültigen Zulassungsbescheide für Bodennägel und Verpreßpfähle).

Tabelle 3-2 Bauarten von Ankern

		Charakteristika
Art der Krafteinleitung in den Baugrund	Verbundanker	Krafteinleitung vom Verpreßkörper in den Baugrund von der Luftseite her
	Druckrohranker	Krafteinleitung vom Verpreßkörper in den Baugrund von der Bergseite her
	Anker mit aufweitbaren Verpreßkörpern	Krafteinleitung durch Formschluß über einen Metallbalg, der mit Zementsuspension aufgeweitet wird
Art des Stahlzuggliedes	Einstabanker	Spannstähle $\varnothing$ 26,5 mm, 32 mm, 36 mm
	Mehrstabanker:	
	Bündelanker	3 bis 12 Stäbe $\varnothing$ 12 mm
	Litzenanker	$\geq$ 2 Litzen $\varnothing$ 0,5" $\geq$ 2 Litzen $\varnothing$ 0,6"
Vorgesehene Einsatzzeit	bis zu 2 Jahren	Kurzzeitanker mit einfachem Korrosionsschutz
	mehr als 2 Jahre	Daueranker mit doppeltem Korrosionsschutz

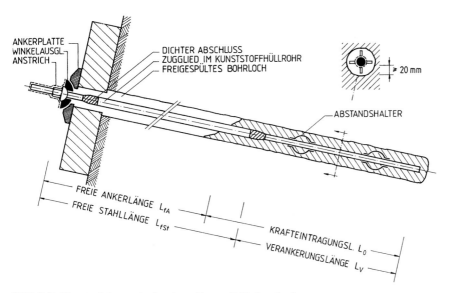

Bild 3-9 Konstruktionsprinzip eines Kurzzeit-Verbundankers

Bild 3-10   Kurzzeit-Verbundanker vor dem Einbau

3.2.2   Druckrohranker

Bei Druckrohrankern wird das Zugglied im Bereich des Verpreßkörpers durch ein stabiles geripptes Stahlrohr (St 52-3 nach DIN 1629) bis zu einer stählernen Bodenplatte geführt, in der es eingeschraubt wird. Die Wandstärke des Stahlrohres muß mindestens 10 mm betragen, die Länge mindestens 2,5 m. Das Zugglied ist zwischen Bodenplatte und Ankerkopf frei dehnbar. Die Krafteinleitung erfolgt dadurch von der Erdseite her; der Verpreßkörper erhält haupsächlich Druck, und Querrisse durch Zugspannungen in Längsrichtung werden vermieden. Bild 3-11 zeigt das Konstruktionsprinzip eines Einstab-Druckrohrankers, Bild 3-12 einen Druckrohranker vor dem Einbau.

Druckrohranker sind konstruktionsbedingt aufwendiger und teurer als Verbundanker und werden deshalb vorrangig als Daueranker eingesetzt. Es gibt sie als Einstabanker und Litzenanker. Die derzeit zugelassenen Druckrohranker können der Tabelle der Zulassungsbescheide im Anhang 1 entnommen werden.

3.2.3   Anker mit aufweitbarem Verpreßkörper

Anker mit aufweitbarem Verpreßkörper stellen eine Sonderform der Verpreßanker dar. Von Atlas Copco wurde ein aus Stahlblech bestehender Faltenbalg unter der Bezeichnung Expan-

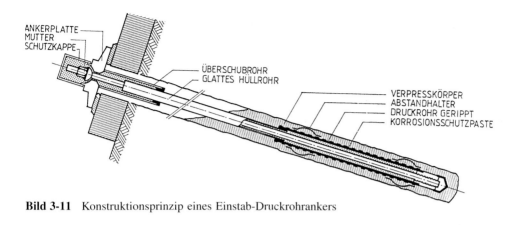

Bild 3-11 Konstruktionsprinzip eines Einstab-Druckrohrankers

Bild 3-12 Druckrohranker vor dem Einbau

der Body entwickelt und patentrechtlich geschützt. Der Balg wird an der Spitze eines Vierkant-rohres in den Boden gerammt, oder Vierkantrohr und Balg werden im Schutz einer Verrohrung eingebaut (Bild 3-13). Im Boden wird der Faltkörper mit Zementsuspension unter Druck im Lockergestein zu einem kugel- oder zwiebelförmigen Körper aufgeweitet, der nach dem Er-härten des Zementes die Ankerkräfte durch Formschluß in den Boden überträgt. In das noch nicht erhärtete Verpreßgut wird im Schutz des Vierkantrohres ein Stahlzugglied eingebaut,

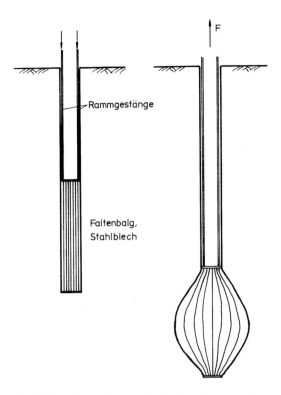

Bild 3-13   Konstruktionsprinzip eines Ankers mit aufweitbarem Verpreßkörper

das im Bereich der freien Stahllänge von einem glatten Kunststoffrohr umschlossen ist (siehe Bild 3-14).

Nach dem Erhärten des Zementes lassen sich die Anker innerhalb von 1–2 Tagen belasten, wie Versuche gezeigt haben (Lang [4]). Die schnelle Belastbarkeit ist ein Vorteil. Außerdem kann der Expander Body auch zur Ankerherstellung in sehr weichen, für die Herstellung herkömmlicher Anker nicht geeigneten Böden eingebaut werden. Auch in sehr hohlraumreichen Böden, die einen großen Zementverbrauch erwarten lassen, ermöglicht er die Herstellung eines definierten Verpreßkörpers. Da bei der Ankerherstellung die Zementsuspension nicht mit dem Boden oder Grundwasser in Berührung kommt, kann in Sonderfällen auch ein Einsatz aus umweltrechtlichen Gründen erwogen werden.

Der Einsatzbereich der Anker mit aufweitbarem Verpreßkörper ist auf weichere, verdrängbare Böden beschränkt und hat sich bisher in Deutschland (auch aus geologischen Gründen) nicht durchsetzen können.

Für den Fels- und Tunnelbau ist ein Gebirgsanker mit aufweitbarem „Verpreßkörper" unter dem Namen „Swellex" entwickelt worden, der seine Kraft durch Reibungsschluß auf die (starre) Bohrlochwand überträgt. Er wird im Kapitel 14 (Anker und Nägel im Tunnel- und Bergbau) behandelt.

Bild 3-14 Expander Body vor dem Einbau

3.2.4 Anker mit ausbaubarem Zugglied

Die Zugglieder von Temporärankern beläßt man in der Regel im Boden. Ob man sie entspannt und die Ankerköpfe entfernt, hängt von konstruktiven Gesichtspunkten und davon ab, ob der Bauherr oder der Eigentümer des Bodens, in dem sie sich befinden, dies verlangt oder nicht. Einstabanker können durch Erhitzen der Ankermutter mit einem Brenner meist ohne großen Aufwand entspannt werden – das Zugglied wird dann durch die weich werdende Mutter gezogen. Bei Litzen- oder Bündelankern ist das Entspannen unproblematisch, wenn die Tragglieder hinter dem Kopf und dem Verbau noch eine Strecke freiliegen – man brennt sie dann dort ab. Durch Erhitzen der Keile oder des Keilträgers lassen sich solche Anker wegen der Klemmwirkung der Keile oft nur unter ziemlichem Aufwand (wenn überhaupt) lösen. Wenn bei verdeckten Litzen (Bohrpfahlwand oder Schlitzwand) bekannt ist, daß die Anker später entspannt werden müssen, ist es zweckmäßig so viel Überstand zu lassen, daß die Litzen noch einmal gezogen und die Verkeilung gelöst werden kann.

In manchen Fällen müssen die Zugglieder vollständig wieder ausgebaut werden. Bei Einstab-Druckrohrankern besteht die Möglichkeit, die Anker am erdseitigen Ende aus dem Druckrohr herauszuschrauben. Bei Einstab-Verbundankern ist ein Ausbau in ähnlicher Weise möglich, wenn am luftseitigen Ende des Verpreßkörpers eine durch Drehen des Ankers am Kopf lösbare Muffenverbindung angeordnet wurde. Das Druckrohr bzw. das Zuglied im Verpreßkörper können nicht ausgebaut werden.

Litzen-Druckrohranker und Litzen-Verbundanker sind ohne besondere Vorkehrungen nicht ausbaubar. Spezialtiefbaufirmen haben deshalb besondere Verfahren entwickelt, die z. T. patentrechtlich geschützt sind. Man kann den Verpreßkörper sprengen, wenn man beim Einbau entsprechende Ladungen und Zündleitungen angebracht hat. Allerdings ist diese Methode nicht anwendbar, wenn die Sprengerschütterungen schädliche Auswirkungen auf bauliche Anlagen in der Nachbarschaft haben können, wovon man im Regelfall ausgehen darf.

Die Firma Brückner sprengt die Verpreßkörper ihrer Litzen-Verbundanker auf, indem sie eine nicht zur Lastabtragung verwendete zentral angeordnete Einzellitze am erdseitigen Ende mit einem Konus versieht und diese Litze nach dem Ende der Gebrauchszeit der Anker zieht. Nach der Zerstörung des Verpreßkörpers können die Litzen dann herausgezogen werden. Schwierigkeiten können bei dieser Methode auftreten, wenn Verpreßkörper mit unplanmäßig großen Durchmessern (z. B. in durchlässigen Kiesen) ein Aufsprengen verhindern, oder wenn durch eine seilartige Verdrillung der einzelnen peripheren Litzen in der freien Stahllänge die Reibungskräfte das Ziehen der Zentrallitze verhindern.

Eine weitere Möglichkeit besteht darin, daß eine auf ganzer Länge mit einem PE-Rohr ummantelte Litze über einen Umlenkkörper, der sich auf den Verpreßkörper abstützt, wieder zur Luftseite geführt wird (z. B. Fa. Keller) Nach dem Entspannen der Anker läßt sich die Litze herausziehen. Aufgrund des kleinen Umlenkradius muß die zulässige Ankerkraft jedoch stark abgemindert werden.

Nach einem Verfahren der Fa. Dywidag werden die Einzellitzen an einer Sollbruchstelle am luftseitigen Ende der Verankerungslänge des Stahlzuggliedes abgerissen. Die Sollbruchstelle wird durch induktive Erwärmung des Stahles erzwungen. Dadurch wird die beim Kaltziehen der Drähte erreichte höhere Zugfestigkeit wieder abgemindert. Auch bei den beiden letztgenannten Möglichkeiten zum Ausbau der Zugglieder können Schwierigkeiten durch eine Verseilung der Litzen im Bereich der freien Stahllänge auftreten. Die Litzen sollten deshalb in gefetteten PE-Rohren geführt werden.

3.2.5   Anker mit der Möglichkeit zur Regulierung der Ankerkräfte

In Sonderfällen, z. B. bei der Stabilisierung von großen Hangrutschungen, ist die Entwicklung der Ankerkräfte nach dem Spannen nicht exakt vorhersehbar. Wenn es nicht gelingt, die Rutschung zum Stillstand zu bringen, nehmen die Ankerkräfte zu, und es müssen Zusatzanker gebohrt werden. Um die bereits vorhandenen Anker nicht zu überlasten und damit unter Umständen zu zerstören, müssen sie bis zur ursprünglichen Gebrauchskraft entlastet werden.

Bei Einstabankern ist dies kein Problem, solange den Zuggliedern nach dem Festlegen genügend Überstand über der Mutter belassen wurde. Der Anker wird aufgemufft und die Mutter von der Kalotte abgehoben; sie kann dann leicht um das erforderliche Maß zurückgedreht werden.

Die Köpfe von Bündel- und Litzenankern müssen, wenn die Notwendigkeit einer späteren Entlastung nicht auszuschließen ist, bereits beim Einbau dafür ausgerüstet werden. Es ist ins-

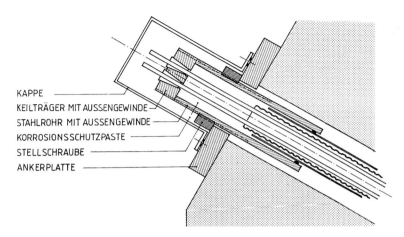

KAPPE

KEILTRÄGER MIT AUSSENGEWINDE

STAHLROHR MIT AUSSENGEWINDE

KORROSIONSSCHUTZPASTE

STELLSCHRAUBE

ANKERPLATTE

Bild 3-15 Kopf eines Litzenankers mit Reguliermutter

besondere bei Dauerankern nicht zulässig, die Litzen zu ziehen, die Verkeilung zu lösen und nach dem Ablassen die Keile wieder einzusetzen. Die alten Einbißstellen der Keile befinden sich nach dieser Prozedur in der freien Stahllänge. Im Bereich der Einbißstellen bilden sich dann unzulässige Kerbspannungen, die zum Bruch des Zuggliedes führen können. Deshalb darf die Verkeilung im Keilträger bei der Kraftregulierung nicht gelöst werden. Eine Möglichkeit zur Regulierung besteht darin, den Keilträger zu verlängern und mit einem Außengewinde zu versehen. Die Ankerkraft wird dann nicht direkt über den Keilträger auf die Ankerplatte übertragen, sondern über eine Reguliermutter (Bild 3-15). Bei Bedarf kann die Mutter durch Spannen der Litzen (die dazu genügend Überstand besitzen müssen) abgehoben und zurückgedreht werden. Der Keilträger kann mit einer Schraubglocke auch direkt abgehoben werden.

Eine weitere Möglichkeit zur Entlastung von Litzenankern besteht darin, unter die Keilträger halbschalenförmige Distanzstücke zu legen. Sie können bei Bedarf nach dem Abheben der Köpfe herausgenommen werden, ohne daß ein Lösen der Verkeilung notwendig wird. Auch für die Anwendung dieser Methode muß auf dem Mantel des Keilträgers ein Gewinde eingeschnitten sein, auf das eine Abhebeglocke geschraubt werden kann. Manche Zulassungsbescheide sehen solch ein Gewinde explizit vor.

Bild 3-16 Hangsicherung mit regulierbaren Ankern

Bild 3-17
Kopf eines Litzenankers mit
Distanzstücken

Brandenburgische Technische Universität Cottbus

Lehrstuhl für Bodenmechanik und Grundbau / Geotechnik

Prof. Dr.-Ing. L. Wichter
Universitätsplatz 3-4
03044 Cottbus

Telefon 0355 69 2602
Telefax 0355 69 2566
e-mail: geotechnik@tu-cottbus.de
wenn's eilt:
Funk Prof. Wichter   0172 3505 382
Funk Dipl.-Ing. Kügler 0172 7961 514
Funk Dipl.-Ing. Joppa 0172 3741 969
Funk Dipl.-Ing. Löer   0172 3460 617

- Eignungsprüfungen und Abnahmeprüfungen an Verpreßankern und Bodennägeln mit modernsten Geräten und Fahrzeugen
- Probebelastungen an Pfählen
- Beratungen und Beurteilungen bei Ankerfragen
- Überwachung des Einbaus von Verpreßankern nach Landesbauordnung (autorisiert vom DIBt)
- Durchführung von Großversuchen an Ankern, Pfählen und Bauteilen im Maßstab 1:1 in der Grundbau-Versuchsanlage

Grundbau-Versuchsanlage

Ankerprüfung mit Leichtbau-Prüfzylinder aus kohlefaserverstärktem Kunststoff

Prüfung eines Druckpfahls

Eignungsprüfung an 3 Dauerankern

4 Ankerwerkstoffe und Ankerbauteile

4.1 Zugglieder

4.1.1 Zugglieder aus Spannstahl

Die Stahlzugglieder bestehen bei Verpreßankern (im Gegensatz zu Bodennägeln oder Verpreßpfählen) in der Regel aus allgemein bauaufsichtlich zugelassenen Spannstählen (eine Aufstellung der zugelassenen Stähle und ihrer Hersteller findet man z. B. im Beton-Kalender 1997, T. 1, [5]). In der Tabelle 4-1 sind die in Deutschland gebräuchlichen Zugglieder, Stahlgüten und zulässigen Ankerkräfte sowohl für Anker als auch für Bodennägel zusammengestellt. Gelegentlich werden die Zugglieder aus Baustählen GEWI BSt 500/550 oder S 555/700 auch zur Ankerherstellung benutzt. Man unterscheidet bei den Ankern mit Zuggliedern aus Spannstählen zwischen Einstabankern, Litzenankern und Bündelankern.

- **Einstabanker**
Einstabanker bestehen aus Rundstahl mit warm aufgewalzten groben Gewinderippen. Das durchlaufende Gewinde ermöglicht es, den Stahl an jeder Stelle zu schneiden oder zu koppeln. Die Rippen bewirken einen guten Scherverbund mit dem Verpreßkörper. Einstabanker

Tabelle 4-1 Gebräuchliche Zugglieder für Verpreßanker und Bodennägel

Bezeichnung	Anzahl der Stäbe/Bündel/ Litzen	Durchmesser des Einzelstabes/ der Einzellitze	Stahlgüte	Zulässige Kraft	Bemerkungen
		(mm)	(N/mm^2)	(kN)	
Einstabanker	1	26,5	835/1030	263	Stahl warmgewalzt,
		32,0	835/1030	384	gereckt und angelassen,
		36,0	835/1030	485	mit Gewinderippen,
		26,5	1080/1230	340	Rechtsgewinde
		32,0	1080/1230	496	
		36,0	1080/1230	628	
Bündelanker	3 bis 12	12,0	1420/1570	275 bis 1100	vergüteter Spannstahl, rund, gerippt
Litzenanker	2 bis ca. 30 (je nach Bauaufgabe)	0,6 Zoll (15,24 mm)	1570/1770	126 pro Litze	Litzen bestehen aus 7 kaltgezogenen runden glatten Einzeldrähten ⌀ 5 mm
Nägel	1	20	500/550	90	Betonstabstähle
		25		140	BSt 500 S – GEWI
		28		176	(IVS-GEWI) bzw.
		32		230	S 555/700,
		40		359	Linksgewinde
		50		561	
		63,5	555/700	1004	

lassen sich leicht verlängern und in ihrer Kraft regulieren. Die Ankerkraft kann durch Abhebeversuche leicht kontrolliert werden. Nachteilig ist bei Einstabankern gelegentlich, daß die
möglichen Ankerkräfte begrenzt sind, und daß unter beengten Platzverhältnissen ihr Einbau
Probleme machen kann. Zur Unterscheidung von den Zuggliedern aus Baustählen (GEWI-
Stählen mit Linksgewinde) haben Einstabanker aus Spannstählen ein Rechtsgewinde.

- **Litzenanker**

Die Kraftübertragung bei Litzenankern erfolgt mit je 7 Stück zu einer Litze verseilten glatten
Einzelspanndrähten von 5 mm Durchmesser. Der Zentraldraht hat einen geringfügig größeren
Durchmesser als die Peripheriedrähte. Mehrere Litzen bilden zusammen das Stahlzugglied.
Die Litzen werden gerollt geliefert und auf die jeweils notwendige Länge (entweder im Werk
oder auf der Baustelle) abgeschnitten. Vorteile von Litzenankern sind die hohen erzielbaren
Ankerkräfte (Tabelle 4-2) und die Verwendbarkeit auch bei kleinen Einbauradien (z. B. in
Kellern oder Schächten). Grundsätzlich lassen sich Litzenanker auch koppeln, doch sollte
dies vermieden werden, denn die Koppelmuffen und die darum dann erforderlichen
Korrosionsschutzteile passen kaum in ein Bohrloch üblichen Durchmessers.

- **Bündelanker (Mehrstabanker)**

Bündelanker bestehen aus runden gerippten vergüteten Spannstählen Nenndurchmesser 12 mm
(Stahlgüte St 1420/1570), die je nach Bedarf zu Zuggliedern aus 3 bis 12 Einzelstählen zusammengefaßt werden. Derzeit besitzt nur die Firma Bilfinger + Berger eine allgemeine bauaufsichtliche Zulassung für Bündelanker.

Tabelle 4-2 Bruchlast und Gebrauchslasten von Litzenankern mit Einzellitzen $\varnothing$ 0,6" aus Spannstahl St 1570/1770

Litzenanzahl	Stahlquerschnitt	Bruchlast	Last an der Streckgrenze	$0,9 \times F_s$	Zulässige Gebrauchskraft im Lastfall 1
	(mm²)	F_Z (kN)	F_s (kN)	(kN)	$\eta = 1,75$ (kN)
2	280	496	440	396	251
3	420	743	659	593	377
4	560	991	879	791	502
5	700	1239	1099	989	628
6	840	1487	1319	1187	754
7	980	1735	1539	1385	879
8	1120	1982	1758	1582	1005
9	1260	2230	1978	1780	1130
10	1400	2478	2198	1978	1256
11	1540	2726	2418	2176	1382
12	1680	2974	2638	2374	1507
13	1820	3221	2857	2571	1633
14	1960	3469	3077	2769	1758
15	2100	3717	3297	2967	1884

4.1.2   Zugglieder aus Baustahl

Bei geringen Lasten ist es möglich (und wird gelegentlich gewünscht), anstelle der Zugglieder aus Spannstählen solche aus Baustählen (GEWI-Stählen) einzusetzen und diese vorzuspannen. Deswegen sind diese Stähle in der Tabelle 4-1 enthalten. Ob die Verwendung von Baustahl für solche Anwendungen wirklich Vorteile bringt, muß im Einzelfall entschieden werden.

Selbstbohrende Rohranker vom Typ Ischebeck TITAN werden ebenfalls aus Baustählen hergestellt. Man verwendet dazu schweißgeeignete Feinkornbaustähle St E 460 und St E 355 (nach der allgemeinen bauaufsichtlichen Zulassung Nr. Z-30-89.1 sowie der Nr. Z-30.1-1 des DIBt für Stähle 460N und NL, S 460 NH und NLH, S 690 QL und S 690 QL1, derzeitige Zulassung gültig bis 31.12.2002 – die Angaben der Firma zu den Ausgangswerkstoffen ihrer Produkte sind unpräzise). Durch das Aufrollen des Gewindes werden diese Stähle in der Struktur verändert. Ob diese Strukturänderung die ursprünglichen Materialeigenschaften nennenswert und nachteilig verändert, muß man ggf. experimentell überprüfen.

Die Firma besitzt derzeit nur für den Typ TITAN 30/11 eine allgemeine bauaufsichtliche Zulassung für den Einsatz als Kurzzeitanker (Zul.-Nr. Z-20.1-70). Da die freie Stahllänge bei selbstbohrenden Ankern nur unter Vorbehalt definiert hergestellt werden kann, sind die Selbstbohranker eher den Nägeln oder Verpreßpfählen zuzurechnen. Sie werden daher auch in Kapitel 11 ausführlicher behandelt.

Auf Wunsch werden die Rohranker der Fa. Ischebeck auch mit einer Feuerverzinkung versehen. Ob die Verzinkung bei allen Einbaubedingungen unversehrt bleibt und langfristig wirklich Vorteile bringt, ist nicht bekannt. Hinweise zu feuerverzinkten Baustählen findet man im Zulassungsbescheid Nr. Z 1.7-1 für feuerverzinkte Betonstähle des Deutschen Instituts für Bautechnik.

Die Firma Neidhardt Grundbau GmbH (Hamburg) bietet selbstbohrende Rohranker (Rohrverpreßpfähle) mit einem Stahlzugglied $114,3 \times 28,0$ mm aus St 52-3 und aufgewalztem Gewinde an. Der Außendurchmesser beträgt nach dem Walzen $116,6$ mm, der Innendurchmesser $58,0$ mm. Auch diese Zugelemente werden in Kapitel 11 behandelt.

4.1.3   Zugglieder aus Edelstahl Rostfrei

Es wird immer wieder versucht, die Korrosionsgefährdung von Ankern dadurch auszuschalten, daß man für die Zugglieder nichtrostende Stähle verwendet. Über im Boden innerhalb eines Verpreßkörpers aus Zementstein eingebettete Zugglieder aus solchen Stählen bestehen nach dem Wissen der Verfasser keine direkten Langzeiterfahrungen. Wegen des vergleichsweise hohen Preises wird der Einsatz solcher Stähle sicher nicht zum Regelfall werden.

Am 25.09.1998 erteilte das Deutsche Institut für Bautechnik die neue allgemeine bauaufsichtliche Zulassung Nr. Z-30.3-6 „Bauteile und Verbindungsmittel aus nichtrostenden Stählen" (Antragsteller: Informationsstelle Edelstahl Rostfrei, Sohnstraße 65, 40237 Düsseldorf). Im Zulassungsbescheid wird auf den Einsatz rostfreier Stähle im Grundbau nicht Bezug genommen. Allerdings ist er hilfreich, wenn man über einen Einsatz unter besonderen Randbedingungen nachdenkt. In Anlage 1 (Tabelle 1) zum Bescheid werden die Stahlsorten nach Festigkeitsklassen, Erzeugnisformen und Korrosionswiderstandsklassen eingeteilt. Die Tabelle ist im Anhang 2 beigefügt. Die Stähle der Korrosionswiderstandsklassen III und IV könnten im Einzelfall auch für eine Anwendung im Grundbau von Interesse sein, denn im Hochbau dürfen sie nach dem Zulassungsbescheid für unzugängliche Konstruktionen auch bei hoher Korrosionsbelastung durch Chloride und Schwefeldioxyd eingesetzt werden.

4.1.4   Zugglieder aus Glasfasern

In der Forschungs- und Materialprüfungsanstalt Stuttgart wurden in den 80er Jahren Versuche mit Ankerzuggliedern aus kunststoffgebundenen Glasfasern durchgeführt, nachdem im Brückenbau Spannglieder aus diesem Werkstoff auf ihre Brauchbarkeit überprüft worden waren [6]. In technischer Hinsicht sind die mit diesem Werkstoff verbundenen Probleme, z. B. die Empfindlichkeit gegen Querdruck vor allem im Kopfbereich, weitgehend gelöst. Aus Kostengründen haben sie sich aber bei vorgespannten Verpreßankern (bis auf Einzelfälle) am Markt nicht durchgesetzt.

Bild 4-1

Kopf eines Ankers aus kunststoffgebundenen Glasfasern

Für Bodennägel und Gebirgsanker sind von verschiedenen Herstellern Zugglieder aus kunst-stoffgebundenen Glasfasern erhältlich; sie werden im Untertagebau auch regelmäßig einge-setzt. Ihre Behandlung erfolgt im Kapitel 14 (Anker und Nägel im Tunnel- und Bergbau).

4.1.5   Zugglieder aus Aramid oder Kohlefasern

Nach dem Wissen der Verfasser wurden an verschiedenen Orten Untersuchungen zur Verwen-dung dieser Produkte in der Ankertechnik durchgeführt, z. B. in Japan. Bisher sind sie jedoch im Vergleich zu Ankern aus Stahl so teuer, daß ihr Einsatz wohl nur in Ausnahmefällen ge-rechtfertigt ist. Die Probleme der Kraftübertragung im Kopfbereich sind grundsätzlich denen bei Glasfaserankern gleich.

4.2   Ankerköpfe

Die Ankerköpfe haben die Aufgabe, die Ankerkraft in die Unterkonstruktion einzuleiten. Für die verschiedenen Arten von Zuggliedern existieren unterschiedliche Konstruktionsprinzipien zur Fixierung des Stahlzuggliedes im Ankerkopf. Sie ergeben sich aus den bauaufsichtlichen Zulassungen für die einzelnen Spannverfahren.

Gebräuchlich sind zur Kraftüberleitung bei Einstabankern Gewindemuttern (für Spannstähle mit Rechtsgewinde, für Baustähle mit Linksgewinde). Sie erlauben ein einfaches Nachspan-nen oder Nachlassen, sind schlupfarm und verbinden das Gewinde des Zuggliedes sicher mit den kraftübertragenden Kopfteilen (Bild 4-2).

Bei Litzen- und Bündelankern besorgen die Kraftübertragung Klemmkeile in Keilträgern (Bild 4-3). Die Keile verursachen im Zugglied einen Keilbiß, der eine Kerbwirkung hervorruft. Die nachträgliche Kraftregulierung ist daher schwieriger als bei Einstabankern, weil die Keilbisse nicht in der freien Stahllänge liegen dürfen. Eine Wiederverkeilung nach dem Lösen der Klemm-keile ist nur zulässig, wenn sie beim Nachspannen der Anker im Abstand von mindestens 15 mm in die Gegenrichtung der Spannpresse vorgenommen wird.

Die Verkeilung erleidet beim Festlegen einen Schlupf, der ohne Verkeileinrichtung 4–5 mm betragen kann (genaue Maße in den Zulassungsbescheiden der Spannverfahren). Ein Festle-gen ohne Verkeileinrichtung sollte man nur ausnahmsweise vornehmen. Die Keile und die konischen Bohrungen der Keilträger müssen vor dem Einsetzen der Keile auf Sauberkeit und Rostfreiheit überprüft und mit Korrosionsschutzpaste bestrichen werden. Nicht beißende Klemmkeile können zur Nachverankerung zwingen, insbesondere dann, wenn die Litzen be-reits kurz abgeschnitten wurden.

Bei Bündelankern müssen Blindstäbe in den Kopf eingebaut werden, wenn weniger Einzel-stäbe als nach der Kopfausbildung möglich in die Verkeilung eingesetzt werden. Um eine gute Klemmwirkung der Keile sicherzustellen, müssen die Blindstäbe so verteilt werden, daß die Laststäbe in Randlage sind und den Keilkopf möglichst gleichmäßig belasten.

Bild 4-2 Kopf eines Einstabankers

Bild 4-3 Kopf eines Litzenankers

Bild 4-4 Kopf eines Bündelankers

Bild 4-5 zeigt das Prinzip der gebräuchlichsten Kopfausbildungen.

Die Ankerköpfe müssen so ausgebildet sein, daß Winkelabweichungen bei den Auflagerflächen nicht zu Nebenspannungen in den Stahlzuggliedern führen können. Das kann durch die Anordnung von Keilscheiben unter den Köpfen oder durch kalottenförmige Ausbildung der Auflagerfläche für die Ankermuttern mit Kugelbund geschehen. Im einfachsten Fall wird das Ankerzugglied planmäßig senkrecht zur Auflagerfläche des Kopfes eingebaut. In der Praxis

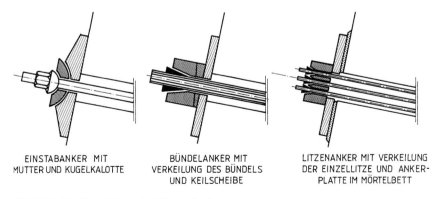

EINSTABANKER MIT
MUTTER UND KUGELKALOTTE

BÜNDELANKER MIT
VERKEILUNG DES BÜNDELS
UND KEILSCHEIBE

LITZENANKER MIT VERKEILUNG
DER EINZELLITZE UND ANKER-
PLATTE IM MÖRTELBETT

Bild 4-5 Kopfausbildung bei Verpreßankern

wird diesem Detail insbesondere bei Temporärankern oft nicht die nötige Aufmerksamkeit gewidmet.

4.3   Verpreßkörper

Der zylindrische Verpreßkörper aus Zementstein überträgt die Ankerkraft vom Stahlzugglied in den Baugrund. Die erforderliche Länge des Verpreßkörpers ergibt sich aus der einzubringenden Ankerkraft (die mögliche Ankerkraft ist bodenabhängig, siehe Abschnitt 5.2) und den statischen Nachweisen, für die eine Definition des Krafteinleitungsschwerpunktes erforderlich ist. Üblich sind in Deutschland Verpreßkörperlängen von 4 bis 8 m. Es macht keinen Sinn, die Verpreßkörper sehr viel länger zu machen, denn die Tragfähigkeit wird dadurch nur unwesentlich erhöht.

In der Regel besteht der Verpreßkörper aus Zementstein aus Portlandzement. In sulfathaltigen Wässern wird ein Zement mit hohem Sulfatwiderstand (z. B. Hochofenzement) verwendet. Je nach verwendeter Zementsorte und Ankerkraft kann der Verpreßkörper nach 5–7 Tagen belastet werden.

In Einzelfällen wurden Verpreßkörper auch mit Erfolg aus Kunstharzen hergestellt, die nach dem Aushärten innerhalb von Stunden belastbar sind. So berichten Hettler und Meiniger [7] über ein Beispiel, bei dem die Verpreßkörper im Fels aus Polyurethanharz bestanden. Die Anker konnten wenige Stunden nach der Herstellung gespannt werden und hatten ein sehr gutes Tragverhalten. In einem anderen Falle wurden Isozyanat, Wasserglas und verschiedene Additive verwendet. Die Anker konnten nach einer Stunde mit Erfolg gespannt und festgelegt werden.

Die Tragfähigkeit von Verpreßkörpern läßt sich durch ein- oder mehrmaliges Nachverpressen deutlich erhöhen (siehe dazu Abschnitt 3.1.4).

4.4   Korrosionsschutz

Der Korrosionsschutz der Stahlteile eines Ankers, insbesondere des Stahlzuggliedes, ist ein wesentlicher Teil der Ankerkonstruktion. Die Erfahrungen aus annähernd 40 Jahren Ankerpraxis haben gezeigt, daß unter „normalen" Umweltbedingungen Temporäranker, die entsprechend den Forderungen der DIN 4125 hergestellt wurden, in der vorgesehenen Einsatzdauer von maximal 2 Jahren ausreichend gegen Korrosion geschützt sind (einfacher Korrosionsschutz).

Daueranker müssen so aufgebaut sein, daß ihre Funktionsdauer derjenigen von Bauwerken aus Stahl und Stahlbeton entspricht, d. h. sie müssen mindestens 80 bis 100 Jahre funktionsfähig bleiben. Die Erfahrungen mit Dauerankern erstrecken sich jedoch erst über einen Zeitraum von ca. 25 Jahren. Im Vergleich zur vorgegebenen Gesamtlebensdauer ist dieser Zeit-

Tabelle 4-3 Korrosionsschutz bei Kurzzeit- und Dauerankern

	Kurzzeitanker	Daueranker
Ankerkopf	Schutzanstrich oder Schutzkappe	mechanisch widerstandsfähige Schutzkappe
	Überschubrohr oder Schutzanstrich im Bereich zwischen Ankerplatte und Hüllrohr in der freien Stahllänge	Auspressen der Schutzkappe mit Korrosionsschutzpaste
		Schutzanstrich der Stahlteile
	Abdichtung des luftseitigen Endes des Hüllrohres in der freien Stahllänge	Mit Korrosionsschutzpaste ausgefülltes Überschubrohr am Übergangsbereich zwischen Ankerplatte und Hüllrohr der freien Stahllänge, fest mit der Ankerplatte verbunden, gegen das Hüllrohr abgedichtet
Freie Stahllänge	Hüllrohr aus Kunststoff (PP- oder PE-Rohr), Wandstärke ≥ 2 mm	Hüllrohr aus Kunststoff entsprechend den Festlegungen im Zulassungsbescheid
	oder	Auspressen des Ringraumes zwischen Stahl und Hüllrohr mit Korrosionsschutzpaste
	Schrumpfschlauch mit einer Wanddicke ≥ 1mm (wenn Innenseite mit Korrosionsschutz beschichtet) oder ≥ 1,5 mm (wenn keine Innenbeschichtung vorhanden)	*oder*
	oder	Anordnung eines zweiten (inneren) Kunststoffrohres, bei dem der Ringraum zwischen Stahl und Rohr mit Zementstein ($d ≥ 5$ mm) ausgefüllt ist. Äußeres und inneres Kunststoffrohr müssen gegeneinander frei beweglich bleiben
	werksmäßig aufgebrachte Kunststoffbeschichtung mit einer Dicke ≥ 1,5 mm	
	Abdichtung des bergseitigen Endes des Hüllrohres mit Dichtungsband, durch Ausschäumen oder mit Ringdichtung (falls erforderlich)	
Verankerungslänge	Zementsteinüberdeckung ≥ 20 mm im Lockergestein und ≥ 10 mm in trockenem Fels	Bei *Verbundankern:* geripptes Kunststoffrohr, bei dem der Ringraum zwischen Stahl und Rohr mit Zementstein (≥ 5 mm) ausgefüllt ist
		Bei *Druckrohrankern:* geripptes Stahldruckrohr, bei dem der Ringraum zwischen Ankerstahl und Druckrohr mit Korrosionsschutzpaste ausgefüllt ist
		Zementsteinüberdeckung des gerippten Kunststoffrohres bzw. Druckrohres ≥ 10 mm

raum noch relativ kurz. Die bisherigen Erfahrungen zeigen jedoch, daß Daueranker, bei denen die heute gültigen Konstruktionsprinzipien eingehalten werden, auf Dauer ausreichend gegen Korrosion geschützt sind. Bei Dauerankern sind die Korrosionsschutzmaßnahmen ungleich aufwendiger als bei Kurzzeitankern (doppelter Korrosionsschutz). Sie sind in DIN 4125 bzw. in den Zulassungsbescheiden des Deutschen Instituts für Bautechnik festgelegt.

Die Korrosionsschutzmaßnahmen bei Kurzzeit- und Dauerankern sind in Tabelle 4-3 zusammengestellt.

Nach DIN 4125 sollen bei Dauerankern die Bauteile des Korrosionsschutzes werksmäßig vorgefertigt und die Anker derartig vormontiert auf die Baustelle geliefert werden. Auf der Baustelle erfolgt nur noch die Herstellung des äußeren Verpreßkörpers und die Montage des

Ankerkopfes und seiner Korrosionsschutzteile. Ankersysteme mit werkseitig aufgebrachtem Korrosionsschutz sind in der Regel (nach den Zulassungsbescheiden) von der Pflicht zur Nachprüfung aus Gründen des Korrosionsschutzes befreit. In der Praxis wird bei Litzenankern in letzter Zeit die Zementsuspension für den inneren Korrosionsschutz im Bereich des Verpreßkörpers häufig erst auf der Baustelle eingebracht. Das erleichtert den Einbau des Ankers, erfordert aber besondere Sorgfalt und Fachkenntnis des Personals.

In der Ankertechnik werden spezielle Korrosionsschutzpasten, Vaselinen und Korrosionsschutzbinden verwendet, die jeweils in den Zulassungsbescheiden direkt genannt sind, oder deren Rezepturen beim Deutschen Institut für Bautechnik hinterlegt sind. Es ist nicht zulässig, z. B. die Ankerköpfe mit anderen als den zugelassenen Produkten zu verfüllen.

4.5   Abstandhalter

Abstandhalter sind wichtige Bauteile eines Ankers, deren Bedeutung auch für die Tragfähigkeit gelegentlich unterschätzt wird. Im Bestreben, mit möglichst kleinen Bohrdurchmessern auszukommen, wird bei ihnen gern gespart. Üblich sind in der Kraftübertragungslänge Federkorb-Abstandhalter aus Kunststoff, die auf der Baustelle montiert werden. Die Abstände der Abstandhalter untereinander müssen so gering sein, daß die geforderte Zementsteinüberdeckung des Stahlzugglieds oder des Ripprohres an jeder Stelle zwischen ihnen gewährleistet ist. Beim Ankereinbau dürfen sie sich nicht verschieben.

Fehlen die Abstandhalter oder sind sie in zu geringer Anzahl angeordnet, so liegen die Stahlzugglieder (oder die Ripprohre der Verpreßkörper) an der Bohrlochwand an. Bei Belastung versagen solche falsch hergestellten Anker häufig auch in tragfähigem Baugrund, weil die Verpreßkörper plötzlich aufreißen.

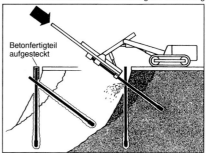
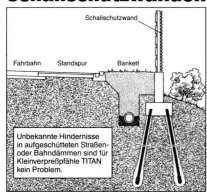
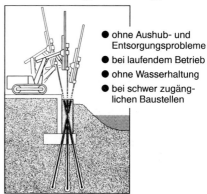

5 Tragfähigkeit von Verpreßankern

Die Tragfähigkeit von Verpreßankern wird zum einen durch die Zugfestigkeit des Stahlzugglieds und zum anderen durch die an der Grenzfläche zwischen Verpreßkörper und Stahl bzw. zwischen Verpreßkörper und Baugrund übertragbaren Schubspannung bestimmt. Die Tragkraft des Stahlzuggliedes ist einfach zu ermitteln. Sie hängt nur von der Zugfestigkeit des verwendeten Stahles und vom Durchmesser des Zuggliedes ab. Die bodenmechanische Tragfähigkeit ist wesentlich schwieriger abzuschätzen, da sie von einer Vielzahl von Faktoren beeinflußt wird.

5.1 Tragfähigkeit des Stahlzuggliedes

5.1.1 Tragfähigkeit bei vorwiegend ruhender Belastung

Für das Stahlzugglied gilt, wie im Stahlbetonbau üblich, gegenüber der Streckgrenze β_S im Regelfall ein Sicherheitsbeiwert von $\eta = 1,75$ für den Lastfall 1 (Lastfall 2: $\eta = 1,50$; Lastfall 3: $\eta = 1,33$). Der Regelfall ist bei Daueranker immer anzusetzen. Bei Kurzzeitankern wird unterschieden, ob die Ankerkräfte aus dem aktiven Erddruck oder dem Erdruhedruck ermittelt wurden. Für den aktiven Erddruck müssen die Sicherheitsbeiwerte für den Regelfall angesetzt werden. Für eine Bemessung mit Erdruhedruck kann der Sicherheitsbeiwert auf $\eta = 1,33$ für den Lastfall 1 (Lastfall 2: $\eta = 1,25$; Lastfall 3: $\eta = 1,20$) reduziert werden. Für diesen Fall ist jedoch zusätzlich nachzuweisen, daß die Sicherheitsbeiwerte für den Regelfall bei Annahme von aktivem Erddruck eingehalten werden.

Die Tragfähigkeit des Stahlzuggliedes in Verbindung mit den Bauteilen des Ankerkopfes wird im Rahmen der Untersuchungen für die Zulassung des Spannverfahrens nachgewiesen.

5.1.2 Tragfähigkeit bei nicht vorwiegend ruhender Belastung

Da die Dauerschwingfestigkeit bei Spannstählen unter ihrer statischen Zugfestigkeit liegt, dürfen die rechnerischen Kraftänderungen im Stahlzugglied aus sich häufig wiederholenden Laständerungen (z. B. infolge Verkehrslasten, Wind, Gezeiteneinflüssen) bestimmte Grenzwerte nicht überschreiten. Die maximal zulässige Kraftänderung im Stahlzugglied legt man in der Regel mit dem 0,2-fachen Wert der Gebrauchskraft F_W fest, soweit in den Zulassungsbescheiden nichts anderes bestimmt ist. Da auch die Dauerschwingfestigkeit der luftseitigen Verankerung auf die Tragfähigkeit Einfluß nimmt, enthalten die Zulassungsbescheide zusätzliche Grenzwerte für die zulässigen Kraftänderungen.

Ein Nachweis der Kraftänderungen im Stahlzugglied kann meist entfallen. Er muß nur dann geführt werden, wenn die Kraftänderungen im Stahlzugglied nicht durch die Vorspannung des Ankers abgedeckt sind.

5.1.3   Haftverbund von Stahlzuggliedern in Zementmörtel

Der Verbund zwischen Stahlzugglied und dem Zementstein des Verpreßkörpers wird im Rahmen der Grundsatzprüfungen untersucht und nachgewiesen. Insbesondere wird dabei auch das Rißbild im Verpreßkörper (Längsrisse, Querrisse) sowie die Öffnungsweite der Risse ermittelt. Die Öffnungsweite der Risse ist ausschlaggebend für die Ausbildung des Korrosionsschutzes im Bereich der Verpreßkörper.

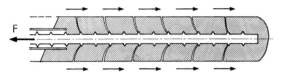

Typ A :   Verbundanker

Bild 5-1 Rißbildung im Verpreßkörper bei Gewindestählen

Bei Gewindestählen entstehen unter Zugbelastung im Verpreßkörper Querrisse (Bild 5-1), deren Öffnungsweite sich in Abhängigkeit von der Spannung rechnerisch ermitteln läßt. Im Zementstein um Litzen oder Litzenbündel bilden sich radial ausstrahlende Längsrisse (Herbst [8]).

5.2   Bodenmechanische Tragfähigkeit von Ankern

5.2.1   Krafteintragung vom Anker in den Baugrund

Maßgebend für die bodenmechanische Tragfähigkeit eines Ankers ist die an der Grenzfläche zwischen dem Verpreßkörper und dem Boden aufnehmbare Schubspannung.

In den Anfangsjahren der Ankertechnik wurde versucht, mit erdstatischen Ansätzen die Grundlagen zur Abschätzung der Tragfähigkeit von Ankern zu schaffen. Danach sollte die Tragfähigkeit der Verpreßkörper abhängig vom Überlagerungsdruck $\gamma \cdot h$, vom Tangens des Reibungswinkels ϕ, von der Mantelfläche A_M und von einem Erddruckbeiwert a sein.

Die Angaben für den Erddruckbeiwert liegen bei den verschiedenen Autoren in der Größenordnung des Erdruhedruckbeiwerts und teilweise erheblich über dem Erdruhedruck. Teilweise wird eine Staffelung des Beiwerts mit der Tiefe unter der Geländeoberfläche vorgenommen. Im allgemeinen wird die Tragfähigkeit bei derartigen Ansätzen bei hochliegenden Verpreßkörpern unterschätzt und bei tiefliegenden Verpreßkörpern überschätzt. Als grundsätzlicher Mangel der Ansätze hat es sich gezeigt, daß ab einer gewissen (vergleichsweise geringen) Tiefe des Verpreßkörpers unter Oberkante Gelände die Tragfähigkeit praktisch unabhängig von der Überlagerungshöhe h ist.

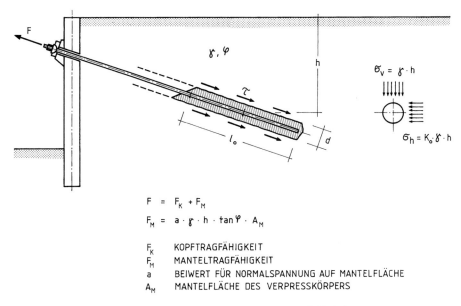

$$F = F_K + F_M$$

$$F_M = a \cdot \gamma \cdot h \cdot \tan\varphi \cdot A_M$$

F_K KOPFTRAGFÄHIGKEIT
F_M MANTELTRAGFÄHIGKEIT
a   BEIWERT FÜR NORMALSPANNUNG AUF MANTELFLÄCHE
A_M MANTELFLÄCHE DES VERPRESSKÖRPERS

Bild 5-2 Erdstatische Ansätze zur Ermittlung der Ankertragfähigkeit

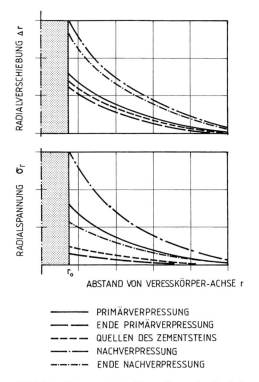

—————— PRIMÄRVERPRESSUNG
—— —— ENDE PRIMÄRVERPRESSUNG
— — — — QUELLEN DES ZEMENTSTEINS
—·—·— NACHVERPRESSUNG
—··—··— ENDE NACHVERPRESSUNG

Bild 5-3 Schematische Darstellung der Radialverschiebung und Radialspannung
beim Verpreßvorgang

Inzwischen wurde nachgewiesen, daß die außerordentlich hohe Tragfähigkeit von Verpreßankern wesentlich durch die radiale Verspannung des Verpreßkörpers im umliegenden Boden
bzw. Fels bestimmt wird. Dabei kann man unterscheiden in radiale Druckspannungen, die
erzeugt werden

a) durch die Verpreßdrücke bei der Ankerherstellung
b) durch Dilatanz während der Belastung des Ankers

Beim Herstellen des Ankers wird zunächst eine Radialspannung durch den Verpreßdruck bewirkt. Sie baut sich nach dem Verpressen bis auf einen Rest wieder ab. Mit dem Abbinde-
prozeß kann sie – zumindest in nichtbindigen Böden, die in der Lage sind, Wasser aus der
Zementsuspension abzufiltern – durch Quellvorgänge wieder ansteigen [9]. Durch das Ab-
filtern von Wasser können in nichtbindigen Böden sehr niedrige w/z-Faktoren ($< 0,30$) entstehen. Die für den Abbindevorgang erforderliche Wasseraufnahme aus dem umliegenden Gebirge führt zu Quelldrücken und so zu einer erneuten Zunahme der Radialspannung.

Nach der Modellvorstellung von Wernick [10] wird während des Belastungsvorganges der
Boden in der Scherfuge zumindest in mitteldicht und dicht gelagerten, nichtbindigen Böden
durch die Relativverschiebung zwischen Baugrund und Verpreßkörper aufgelockert. Durch
die Volumenvergrößerung des Bodens in der Scherfuge werden Radialspannungen zwischen
Verpreßkörper und Boden erzeugt.

In festen bindigen Böden bzw. in felsartigen Böden ist ein vergleichbarer Effekt ebenfalls
vorstellbar, auch wenn er nicht mit einer Dilatanz (Auflockerung infolge Scherung) begründet
werden kann. Durch die Relativverschiebung zwischen Verpreßkörper und umliegendem Gebirge verspannt sich der Verpreßkörper bei rauher Mantelfläche des Verpreßkörpers im Gebirge ähnlich einem Dübel in einer Betondecke.

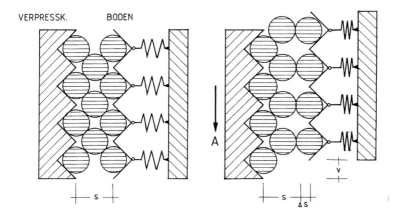

Bild 5-4 Modell für die Verspannung eines Verpreßkörpers infolge Dilatanz
in der Scherfuge nach Wernick [10]

Die Radialspannungen aus dem Verpreßvorgang und der relativen Verschiebung zwischen Verpreßkörper und Boden betragen ein Vielfaches des reinen Überlagerungsdrucks. Dadurch kann auch erklärt werden, daß die Tragfähigkeit eines Ankers ab einer bestimmten Überlagerungshöhe (Richtwert ca. 4 m) weitgehend unabhängig von der Auflast über dem Verpreßkörper ist. Außerdem sind die für den Einbau von Ankern erforderlichen Bohrungen oft standfest – eine Auflast auf den Verpreßkörper entwickelt sich allein schon aus diesem Grunde nicht.

Die Steigerung der aufnehmbaren Ankerkraft durch die Nachverpressung beruht im wesentlichen ebenfalls auf einer Erhöhung der Radialverspannung. Hinzu kommt, daß je nach anstehendem Boden oder Fels der Baugrund um die Verpreßstelle verbessert und der Durchmesser des tragenden Verpreßkörpers vergrößert wird.

- **Schubspannungsverteilung entlang des Verpreßkörpers**

Aus zahlreichen Probebelastungen ist bekannt, daß insbesondere bei dichten bindigen und festen nichtbindigen Böden ab einer bestimmten Verpreßkörperlänge kein wesentlicher Zuwachs an Tragfähigkeit mehr festgestellt werden kann. In Bild 5-5 sind für einen Verbundanker (Anker Typ A) in dichtem und mitteldichtem, kiesigem Sand gemessene Mantelreibungsverteilungen dargestellt. Es zeigt sich, daß sich bei den einzelnen Laststufen Bereiche mit höherer Mantelreibung ausbilden, die mit zunehmender Ankerkraft vom luftseitigen zum erdseitigen Ende des Verpreßkörpers wandern.

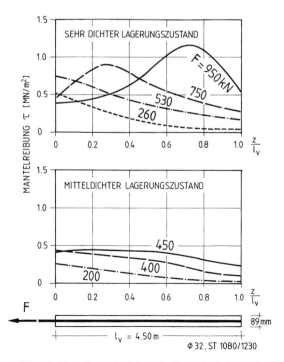

Bild 5-5 Verteilung der Mantelreibung bei einem Anker in kiesigem Sand nach Scheele [11]

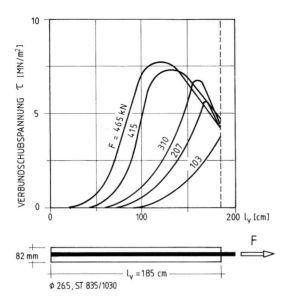

Bild 5-6 Verbundspannung (Stahl/Mörtel) bei einem Einstabanker
in Sandstein nach Jirovec [12]

Die maximal aufnehmbare Scherbeanspruchung wird somit jeweils nur in einem Teilbereich aktiviert und geht danach auf einen Restwert zurück (progressiver Bruch). Bei Böden, die der eingeleiteten Kraft geringeren Verformungswiderstand entgegensetzen, ist die Schubspannung entlang des Verpreßkörpers gleichmäßiger verteilt. Je „steifer" das den Verpreßkörper umgebende Gebirge ist, um so ungleichmäßiger ist die Schubspannungsverteilung bei den üblicherweise angewendeten Verpreßkörperlängen. Besonders deutlich wird dies bei den Messungen an Verpreßkörpern in felsartigem Gebirge (Bild 5-6).

Die bodenmechanischen Ursachen für die starke Abhängigkeit der Tragfähigkeit von der Steifigkeit bzw. der Lagerungsdichte soll anhand von Bild 5-7 für einen Verpreßkörper in dicht gelagertem bzw. locker gelagerten Sand erläutert werden.

Im Bild sind oben die Scherkraft-Scherverschiebungslinien für beide Böden schematisch dargestellt. Für dichtgelagerten Sand steigt die Kurve zunächst sehr steil an, überschreitet ein Maximum („peak", Spitzenscherfestigkeit) und sinkt bei weiterer Scherverschiebung auf einen Restwert (Restscherfestigkeit) ab, die über den weiteren Scherweg dann konstant bleibt. Für locker gelagerten Sand steigt die Scherkraft-Scherverschiebungslinie langsamer an und nähert sich asymptotisch der Restscherfestigkeit. Während der Scherbewegungen beider Versuche ändert der Sand in der Scherfuge seine Dichte: der dichtgelagerte Sand lockert sich auf, der locker gelagerte verdichtet sich. Zum Schluß der Versuche ist der Sand beider Versuche in der Scherfuge gleich dicht gelagert – er hat die mit einer Scherung einhergehende sog. kritische Dichte erreicht.

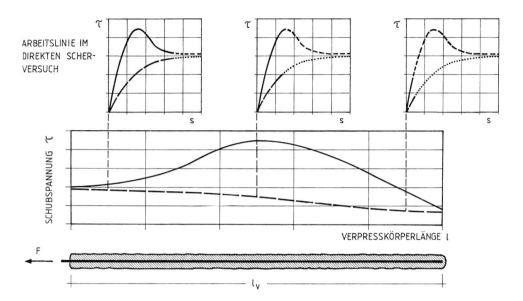

Bild 5-7 Scherkraft-Scherverschiebungslinien von direkten Scherversuchen mit Sand und Schubspannungsverteilung entlang eines Verpreßkörpers (schematisch)

Eine grobe Abschätzung der Stahldehnung im Bereich des Verpreßkörpers ergibt für die Randbedingungen:

– dreieckförmige Kraftverteilung
– Zugkraft im Stahl am luftseitigen Ende des Verpreßkörpers 500 kN
– Zugkraft am bergseitigen Ende 0 kN
– Verpreßkörperlänge 5 m

Stahldehnungen von ca. 7 mm für einen Spannstahl $\varnothing$ 32 mm und ca. 11 mm für ein Zugglied
aus 4 Litzen $\varnothing$ 0,6 Zoll. Das Maximum der Scherfestigkeit im Grenzbereich entlang des
Verpreßkörpermantels wird jedoch bei einer Relativverschiebung von 5 bis 10 mm überschritten. Es ist deshalb plausibel, daß entlang des Verpreßkörpers unterschiedliche Bereiche der
Scherkraft-Scherverschiebungslinien des Sandes maßgebend für die Kraftübertragung werden. Dementsprechend ist in Bild 5-7 die Verteilung der Scherspannung/Mantelreibung über
die Verpreßkörperlänge schematisch dargestellt. Luftseitig ist die Scherspannung auf die Restscherfestigkeit abgesunken, bergseitig wird die maximal aufnehmbare Scherspannung noch
nicht erreicht. Die beschriebene Scherspannungsverteilung wurde durch Messungen an mit
Dehnungsmeßstreifen bestückten Versuchsankern nachgewiesen [11]. In Bild 5-5 ist für jeweils einen Meßanker die Mantelreibung in sehr dicht gelagertem und in mitteldicht gelagertem Sand dargestellt.

Bei Druckrohrankern ist die Verteilung der Scherspannungen entlang des Verpreßkörpers
umgekehrt wie bei Verbundankern. Wegen der großen Steifigkeit des Druckrohres ist die

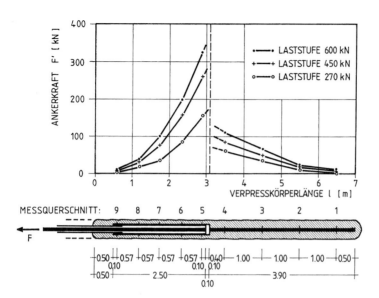

Bild 5-8 Kraftabtragung an einem kombinierten Druckrohr-/Verbundanker

Scherspannungsverteilung entlang des Verpreßkörpers ausgeglichener. Einen direkten Vergleich des Tragverhaltens von Druckrohr- und Verbundankern erlaubt eine Messung der Ankerkraftverteilung mit Dehnungsmeßstreifen an einem kombinierten Druckrohr/Verbundanker [13], deren Meßergebnisse in Bild 5-8 dargestellt sind.

Der Versuchsanker war in festem Ton-Schluffstein eingebaut. Wegen der relativ hohen Gebirgssteifigkeit wurde die Grenzmantelreibung in keinem Bereich des Verpreßkörpers erreicht. Dennoch ist die spiegelverkehrte Spannungsverteilung und die größere Kraftaufnahme auf Grund der höheren Verformungssteifigkeit beim Druckrohrteil erkennbar.

Bei Felsankern wird häufig ein Teil des Verpreßkörpers auf Grund der hohen übertragbaren Scherspannungen zwischen Verpreßkörper und Gebirge an der Kraftabtragung überhaupt nicht beteiligt. Es ergeben sich jedoch Spannungskonzentrationen am Beginn der Verankerungslänge. In Bild 5-9 sind Ergebnisse von mittels Lichtwellenleitern gemessenen Dehnungen des Stahles in der Verankerungslänge eines Felsankers in Grauwacke aufgetragen. Der Anker wurde bei Voruntersuchungen für die Sanierung der Ederseestaumauer getestet und mit extrem hohen Kräften belastet (55 Litzen $\varnothing$ 0,6", Verankerungslänge 7 m, Prüfkraft 12,5 MN). Bereits 3 m hinter dem Beginn der Verankerungsstrecke wurden keine Dehnungen mehr gemessen, d. h. an der Lastabtragung waren bei Höchstlast nur die luftseitigen 3 m der Verpreßstrecke beteiligt.

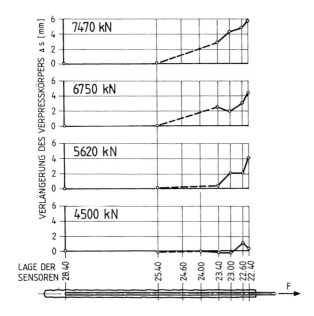

Bild 5-9 Lastabtragung an einem hochbelasteten Felsanker

5.2.2   Abschätzung der bodenmechanischen Tragfähigkeit

Auf der Grundlage der Ergebnisse der durchgeführten Grundsatzprüfungen und sehr vieler Eignungsprüfungen ist es möglich, für verschiedene Bodenarten Richtwerte für den Ansatz der Grenzmantelreibung anzugeben, die für Vorbemessungen dienen können. Die Bestimmung der wirklichen Tragfähigkeit muß aber immer durch Zugversuche auf der Baustelle (Eignungs- und Abnahmeprüfungen) erfolgen.

Ostermayer [3] hat solche Richtwerte für die Grenzmantelreibung in Diagrammen für nichtbindige und bindige Bodenarten sowie für Fels vorgeschlagen.

Bei der Abschätzung der möglichen Gebrauchslast aus den Diagrammen von Ostermayer muß berücksichtigt werden, daß die Versuchsanker im Rahmen von Forschungsprogrammen und Grundsatzprüfungen (auf deren Ergebnissen die Diagramme hauptsächlich aufbauen) unter genau kontrollierten Randbedingungen hergestellt wurden, und daß bei der Herstellung von Verpreßankern im Baustellenbetrieb sowohl hinsichtlich der technischen Randbedingungen (Bohrverfahren, Einbauweise, Verpressen) als auch hinsichtlich der Baugrundverhältnisse große Streuungen unvermeidbar sind. Zur Abschätzung der Gebrauchslast sollten daher die aus den Schaubildern entnommenen Werte mindestens mit dem Faktor 0,5 abgemindert werden.

An den Diagrammen ist außerdem zu ersehen, daß insbesondere bei festen bindigen Böden und bei dichten nichtbindigen Böden bei Verpreßkörperlängen über 7 bis 8 m nur noch eine geringe Zunahme der Ankerkräfte möglich ist (progressiver Bruch). Die Tragfähigkeit von

Ankern mit Durchmessern zwischen 80 und 150 mm (wie sie in der Ankertechnik üblich sind) wird in nichtbindigen Böden nur wenig vom Durchmesser beeinflußt. Bei Ankern in bindigen Böden und Fels wirkt sich der Verpreßkörperdurchmesser bzw. die Mantelfläche dagegen direkt auf die Tragfähigkeit aus. Der Zusammenhang ist in erster Näherung proportional.

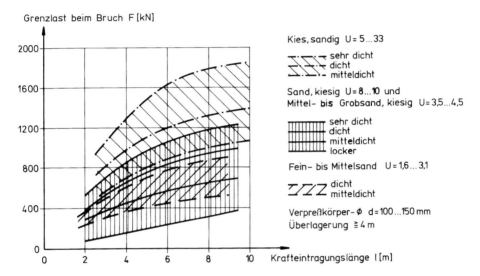

Bild 5-10 Grenzlast von Ankern in nichtbindigen Böden (nach Ostermayer [3])

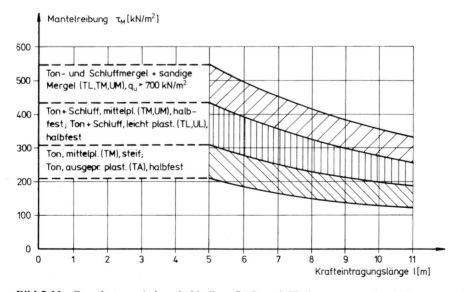

Bild 5-11 Grenzlast von Ankern in bindigen Böden mit Nachverpressung (nach Ostermayer [3])

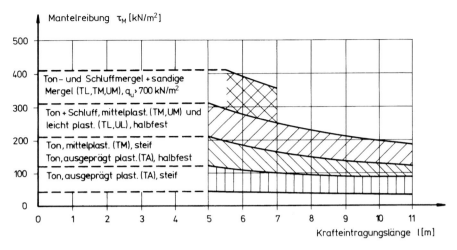

Bild 5-12 Grenzlast von Ankern in bindigen Böden ohne Nachverpressung (nach Ostermayer [3])

Tabelle 5-1 enthält Anhaltswerte für die Mantelreibung von Felsankern im Gebrauchszustand in verschiedenen Felsarten, die zur Abschätzung der Gebrauchslast dienen können. Dabei ist zu berücksichtigen, daß in gesundem Fels das Versagen entlang der Mantelfläche des Verpreßkörpers bei Zugversuchen nur selten erreicht wird bzw. daß bei Ankern in gesundem Fels meist die innere Grenztragkraft der Ankerkonstruktion für das Versagen maßgebend wird. Andererseits kann die Tragfähigkeit bei Felsarten, die empfindlich auf das Bohrverfahren reagieren (das sind vor allem Felsarten mit Tonbindung, z. B. tonig gebundene Sandsteine, verschiedene Keupermergel u. ä.), stark überschätzt werden. So kann z. B. die Tragfähigkeit eines Ankers in leicht angewittertem Tonstein, bei dem das Bohrloch mit dem Imlochhammer hergestellt wurde und bei dem die Bohrlochwandung durch das Bergwasser feucht ist, auf Werte absinken, die denen eines Ankers in lediglich steifem Ton entsprechen.

Die relativ hohen erzielbaren Mantelreibungswerte bei Felsankern führen in der Praxis immer wieder dazu, daß sehr kurze Verpreßkörper bei hohen Ankerkräften geplant werden. Die Verpreßkörperlänge sollte jedoch auch in gesundem Fels 4 bis 5 m nicht unterschreiten. Dadurch können auch durch Klüftung oder Verwitterung bedingte örtliche Schwächezonen überbrückt werden.

Weil die ungleichmäßige Verteilung der Mantelreibung entlang des Verpreßkörpers von Felsankern noch ausgeprägter als bei Lockergesteinsankern ist, können die Werte der Tabelle 5-1 nur bei Verpreßkörperlängen bis ca. 6 m direkt übernommen werden. Bei der Anwendung für den Entwurf längerer Verpreßkörper müßten sie abgemindert werden.

Schwarz [41] empfiehlt, bei Bohrlochdurchmessern von 140 bis 160 mm die Gebrauchskraft für Anker in verschiedenen Gesteinen wie folgt abzuschätzen:

– mergeliger Sandstein, schiefriger Tonstein:	zul. $F = 120$ kN/m (Gebrauchskraft)
– Grauwacke, harter Tonstein:	zul. $F = 250$ kN/m
– Tonschiefer	zul. $F = 300$ kN/m

Tabelle 5-1 Anhaltswerte für die Gebrauchsmantelreibung cal τ_M von Felsankern in MN/m² für verschiedene Felsarten (nach Ostermayer [3])

		Gesteinsart		
a)	Verwitterungszustand	Massige Erstarrungs- und Umwandlungsgesteine, z. B. Granite, Diorite, Gneise, Basalte, Porphyre, Quarzite, Gabbro, Melaphyre, Diabase	Feste Sedimentgesteine: Konglomerate, Brekzien, Arkosen, Sandsteine, Kalksteine, Dolomite, Tonschiefer, Grauwacken	Weichere oder veränderlich feste Sedimentgesteine: Mergelsteine, Schluffsteine, Tonsteine
b)	Grad der mineralischen Bindung			
c)	Trennflächenabstände			
a)	unverwittert	1,5	1,0	0,7
b)	sehr gute mineralische Bindung			
c)	größer 0,5 bis 1,0 m			
a)	angewittert	1,0	0,7	0,4
b)	gute mineralische Bindung			
c)	im Dezimeterbereich (0,1–0,2 m)			
a)	stark verwittert	0,5	0,3	0,15 (oder Werte für bindigen Boden mit Sicherheitsbeiwert)
b)	mäßige mineralische Bindung			
c)	im cm-Bereich			

5.2.3 Erhöhung der Ankertragfähigkeit durch Nachverpressung

Der Erfolg von Nachverpressungen zur Erhöhung der Ankertragfähigkeit läßt sich nicht immer genau vorhersagen. Er hängt in erster Linie vom Boden ab, wird aber in gleicher Weise auch von den Verpreßmengen und Verpreßdrücken, dem Zeitpunkt des Aufsprengens des Verpreßkörpers, der Anordnung der Ventile usw. beeinflußt. Grundsätzlich ist mehrmaliges, unter Umständen örtlich gezieltes, Nachverpressen mit moderaten Verpreßdrücken und einer Begrenzung der Verpreßmengen gegenüber einer einmaligen Nachverpressung mit hohen Verpreßmengen und Verpreßdrücken vorzuziehen. Zudem ist eine Nachverpressung nur in Böden mit bindigem Charakter, in weichen oder mürben Felsarten (insbesondere bei Tonbindung) und in geklüftetem Fels sinnvoll. In Sanden und Kiesen ohne (oder mit nur einem geringen Anteil) Kornfraktion im Ton-/Schluffbereich reicht eine sorgfältige Primärverpressung zur Erzielung der bestmöglichen Tragfähigkeit aus. Ebenso reicht eine Verfüllung des Bohrloches mit Zementsuspension in ungeklüfteten kompakten Felsarten aus, wenn durch das Bohrverfahren gewährleistet ist, daß sich an der Bohrlochwandung keine Schmierfläche durch Bohrschmand ausbildet. In beiden Fällen läßt sich der Verpreßkörper der Primärverpressung bzw. Verfüllung zudem gar nicht oder nur mit Schwierigkeiten aufsprengen.

Durch die Nachverpressung wird eine Erhöhung der Radialspannung im Umkreis des Verpreßkörpers und damit eine Erhöhung der aufnehmbaren Scherspannungen entlang des Verpreßkörpers erreicht. Die mögliche Erhöhung der Tragfähigkeit durch eine Nachverpressung läßt sich im Einzelfall nur schwer vorhersagen. Meist ist die Tragfähigkeit nach einer

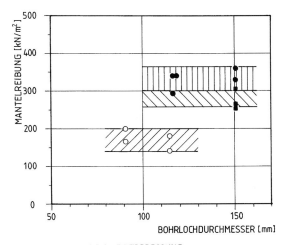

O OHNE NACHVERPRESSUNG

■ 1/2"-ROHR MIT 5 VENTILEN BZW.
3 SCHLÄUCHE MIT ENDVENTIL

● 1"-MANSCHETTENROHR

BODEN : TON, MITTEL- BIS HOCHPLASTISCH
HALBFEST - FEST

Bild 5-13 Einfluß verschiedener Nachverpreßsysteme auf die erzielbare Mantelreibung
bei mittel- bis hochplastischen Tonen

Nachverpressung um 20 bis 35 % größer als vor der Nachverpressung. Es sind bei günstigen Bedingungen aber auch schon Erhöhungen der Tragfähigkeit um 50 % erzielt worden. Die Ergebnisse von Untersuchungen zum Einfluß verschiedener Parameter auf den Erfolg einer Nachverpressung sind in Bild 5-13 dargestellt.

Allgemein läßt sich sagen, daß Nachverpressungen neben einer Erhöhung der Tragfähigkeit eine deutliche Verbesserung der Kriechbeiwerte k_s bewirken, und daß die bleibenden Ankerkopfverschiebungen reduziert werden. Der Aufwand für das Nachverpressen kann allerdings erheblich sein und den Nutzen deutlich übersteigen, besonders dann, wenn man zu einer Vergrößerung des Bohrdurchmessers gezwungen ist, um z. B. Manschettenrohre einzubauen. Es ist in vielen Fällen wirtschaftlicher, den Bauentwurf von Anfang an mit moderaten und vom jeweiligen Baugrund sicher aufnehmbaren Ankerkräften zu verfassen und dadurch eine geringe Vergrößerung der Ankeranzahl in Kauf zu nehmen, als auf den Erfolg spezieller Nachverpreßverfahren zu bauen.

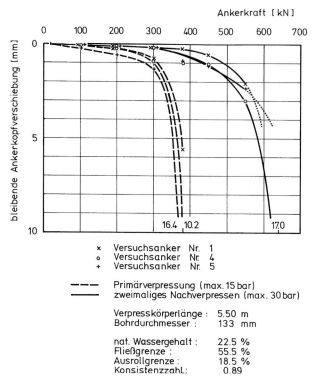

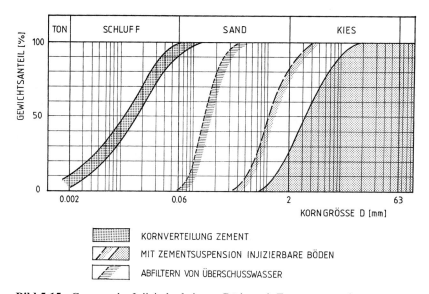

Bild 5-14   Einfluß der Nachverpressung auf die Ankertragfähigkeit in einem schluffigen Ton

Bild 5-15   Grenzen der Injizierbarkeit von Böden mit Zementsuspension

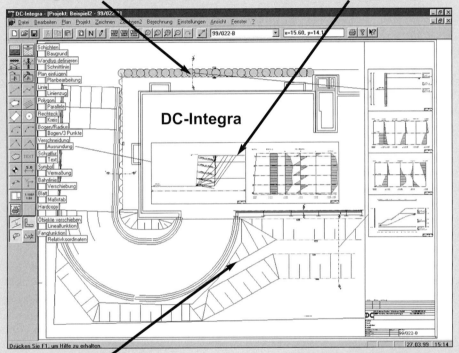

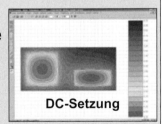

6 Prüfungen an Ankern nach DIN 4125

6.1 Allgemeines

Alle Einzelteile eines Ankers unterliegen bei der Herstellung einer Güteüberwachung. Die Güteüberwachung erfolgt im Zuge der Produktion dieser Bauteile (z. B. Spannstahl, Anker-platten, Keilträger, Keile usw.) bzw. während der Vormontage des Ankers. Die Anker selbst werden nach dem Einbau in Deutschland entsprechend den Vorgaben der DIN 4125 [14] ein-zeln geprüft. An jedem Anker wird eine Abnahmeprüfung (Probebelastung) durchgeführt, mit der insbesondere das bodenmechanische Tragverhalten überprüft wird. Dadurch können die Sicherheitsbeiwerte bei Ankern, bezogen auf die bodenmechanische Grenztragfähigkeit, ge-genüber denjenigen bei vergleichbaren Bauteilen (z. B. Verpreßpfählen mit kleinem Durch-messer nach DIN 4128) deutlich reduziert werden. Während bei Verpreßpfählen mit kleinem Durchmesser und Zugbelastung je nach Pfahlneigung Sicherheiten von $\eta = 2$ bis $\eta = 3$ gefor-dert werden, ist die erforderliche Sicherheit gegen die bodenmechanische Grenztragfähigkeit bei Verpreßankern vom Normenausschuß auf $\eta = 1,5$ festgelegt worden. Bei Zugpfählen wer-den Probebelastungen nur an einer kleinen Anzahl von Versuchs- oder Bauwerkspfählen durch-geführt (nach DIN 4128 an mindestens 2 Pfählen oder 3 % der Gesamtpfähle einer Baumaß-nahme). Ähnlich verhält es sich mit den Sicherheitsanforderungen, die an Bodennägel gestellt werden. Die geforderte Sicherheit gegen die bodenmechanische Grenztragfähigkeit beträgt hier $\eta = 2,0$.

Kern aller Prüfungen an Ankern ist der Zugversuch (Bild 6-1). Dabei wird das Zugglied bei genügendem Überstand direkt gezogen, oder es wird mit Muffen so verlängert, daß eine hy-

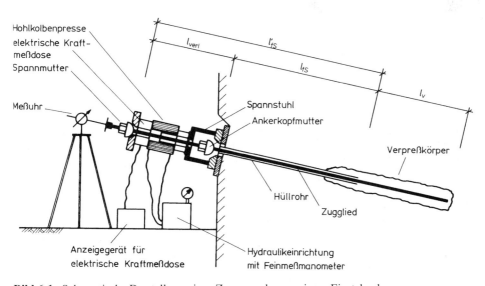

Bild 6-1 Schematische Darstellung eines Zugversuches an einem Einstabanker

Bild 6-2 Hydraulische Hohlkolbenpressen (linke Presse mit Stahlmantel, rechte drei Pressen
Leichtbauzylinder mit CFK-Mantel)

draulische Hohlkolbenpresse und eine Kraftmeßdose über ihm montiert werden können. Gemessen wird die Ankerkraft und die zugehörige Kopfverschiebung (letztere in der Regel mit
einer mechanischen oder elektrischen Meßuhr). Grundsätzlich kann auch der Druck im
Hydrauliksystem, in Verbindung mit einer Eichkurve für die Presse, zur Ermittlung der Ankerkraft dienen. Wegen der Reibung der Zylinderflächen kann der so ermittelte Wert deutlich
über dem tatsächlichen Wert der Ankerkraft liegen. Bei Zugversuchen mit höheren Ansprü-
chen an die Genauigkeit der Messungen sollten daher geeichte Kraftmeßringe verwendet werden.

Bei allen Zugversuchen an Ankern muß darauf geachtet werden, daß insbesondere bei höheren Lasten und bei Laständerungen sich keine Personen im Gefahrenbereich vor der luftseitigen
Verlängerung des Zuggliedes aufhalten. Trotz aller Gütekontrollen ist es vorgekommen, daß
plötzlich Ankerteile versagt haben. Auch Muffenverbindungen können durch Abnutzung bei
hohen Lasten oder durch nicht exakte Montage versagen, oder es kann ein plötzlicher Bruch
des Verpreßkörpers eintreten. Die oftmals schwierigen Bedingungen für die Montage der
Prüfeinrichtung, ungünstige Auflagerbedingungen für die Pressen oder die Nachgiebigkeit
des Pressenauflagers können ebenfalls zu plötzlichem Ankerversagen beitragen. Je nach der
Höhe der Belastung, dem Ankertyp und dem Ort und der Art des Bruches werden Prüfeinrichtung und Ankerteile dann verschieden weit in den Raum vor dem Ankerkopf geschleu-
dert.

Bild 6-3 Eignungsprüfung an drei Verpreßankern

6.2 Prüfungen an Ankern

Die erforderlichen Prüfungen an Ankern sind in DIN 4125 und in den Zulassungsbescheiden des Deutschen Instituts für Bautechnik für die einzelnen Ankersysteme festgelegt. Derzeit gültig ist DIN 4125 – Verpreßanker, Kurzzeitanker und Daueranker; Bemessung, Ausführung und Prüfung – (Ausgabe November 1990). Tabelle 6-1 zeigt eine Übersicht über die an Ankern gebräuchlichen Prüfungen.

Gegenüber den Bestimmungen in früheren Ausgaben der DIN 4125 bedürfen Kurzzeitanker keiner Zulassung mehr, soweit sie den Konstruktionsprinzipien der DIN 4125 entsprechen und solange die zulässigen Ankerkräfte bei Einstabankern unter 700 kN bzw. bei Mehrstabankern unter 1300 kN liegen. Für Daueranker gilt nach wie vor, daß die Brauchbarkeit eines Ankersystems durch eine allgemeine bauaufsichtliche Zulassung nachgewiesen werden muß. In Ausnahmefällen kann dies auch durch eine Zustimmung im Einzelfall der jeweiligen obersten Bauaufsichtsbehörde der Länder erfolgen.

Seit Februar 1998 gibt es im Entwurf die Europäische Norm EN 1537 – Verpreßanker. Mit der Einführung dieser Europäischen Norm werden sich insbesondere bei den Sicherheitsdefinitionen und bei den Prüfverfahren gravierende Änderungen ergeben. Durch den Normentwurf ist außerdem noch nicht geklärt, ob auch in Zukunft Zulassungen für Anker erforderlich sein werden.

Tabelle 6-1   Prüfungen an Ankern

Zeitpunkt der Prüfung	Bezeichnung der Prüfung	Ausführender
Vor den Ankerarbeiten	Grundsatzprüfung	Hersteller der Anker und sachverständiges Institut
	Güteüberwachung der Bauteile	Hersteller
		Materialprüfanstalt
Während der Ankerarbeiten	Eignungsprüfung	Überwachung durch sachverständiges Institut
	Abnahmeprüfung	Spezialtiefbaufirma
Nach den Ankerarbeiten	Ankernachprüfung	Sachverständiges Institut, von dem die Eignungsprüfung überwacht wurde

6.2.1   Grundsatzprüfung

Eine Grundsatzprüfung ist Voraussetzung für die Zulassung eines neuen Ankersystems. Durch sie wird neben der Tragfähigkeit in erster Linie die Ausführbarkeit des Korrosionsschutzes und dessen Bewährung unter extremen Belastungsverhältnissen überprüft. Für eine Grundsatzprüfung wird eine Anzahl von Ankern unter Baustellenbedingungen hergestellt, belastet und anschließend ausgegraben und untersucht. Grundsatzprüfungen werden heute nur noch selten ausgeführt.

6.2.2   Eignungsprüfung

Für die Baustelle wichtig sind die Eignungsprüfungen und die Abnahmeprüfungen. Die bei den Eignungs- und Abnahmeprüfungen zu erbringenden Nachweise der Sicherheit gegen Versagen infolge Erreichens der bodenmechanischen Grenztragfähigkeit sind in Tabelle 6-2 zusammengestellt.

Die Eignungsprüfung ist eine Probebelastung an mindestens 3 Ankern. Gemessen wird die Ankerkopfverschiebung in Abhängigkeit von der Ankerkraft durch mehrfache Be- und Entla-

Tabelle 6-2   Tragfähigkeitsnachweise durch Eignungs- und Abnahmeprüfung

Art der Prüfung	Anforderungen an Kurzzeitanker	Anforderungen an Daueranker
Eignungsprüfung	Anzahl der Prüfanker: 3	Anzahl der Prüfanker: 3
	$F_p = 1{,}33 \cdot F_w$ beim Ansatz des Erdruhedrucks $F_p = 1{,}5 \cdot F_w$ beim Ansatz des aktiven Erddrucks	$F_p = 1{,}5 \cdot F_w$
	Bei Ansatz des erhöhten aktiven Erddrucks: Interpolation zwischen den beiden Werten	
Abnahmeprüfung	Anzahl der Prüfanker: alle	Anzahl der Prüfanker: alle
	$F_p = 1{,}25 \cdot F_w$	$F_p = 1{,}5 \cdot F_w$

stung des Ankers. Bei Dauerankern muß grundsätzlich auf jeder Baustelle von einem im Zulassungsbescheid des Ankersystems benannten Institut eine Eignungsprüfung ausgeführt oder zumindest deren Durchführung durch die Spezialtiefbaufirma überwacht werden. Bei Ankern für vorübergehende Zwecke ist es nicht erforderlich, daß auf jeder Ankerbaustelle eine Eignungsprüfung durchgeführt wird. Es muß jedoch das Ergebnis einer Eignungsprüfung an Ankern in vergleichbaren Bodenverhältnissen und demselben Ankertyp bzw. Herstellungsverfahren vorgelegt werden.

Der Versuchsablauf für Daueranker und Anker für vorübergehende Zwecke ist in den Diagrammen des Bildes 6-4 dargestellt.

In mechanischer Hinsicht ist jede Probebelastung an einem Verpreßanker im Prinzip als Zugbelastung einer steifen linear elastischen Feder (des Stahlzuggliedes) anzusehen. Diese Feder ist am hinteren Ende (im Verpreßkörper) festgehalten, wobei der Haltepunkt bei Verbundankern nicht genau festliegt, da die Ankerkraft über eine gewisse Länge in den Verpreßkörper eingeleitet wird. Auch der Verpreßkörper selbst ist nicht unverschieblich und bewegt sich unter dem Einfluß der Ankerkraft zur Luftseite hin. Zusätzlich können bei der Probebelastung noch Reibungs- und Umlenkkräfte auf den Stahl in der freien Stahllänge einwirken. Die Auf-

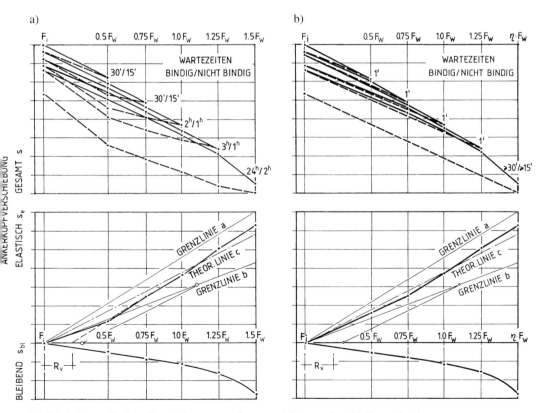

Bild 6-4 Versuchsablauf von Eignungsprüfungen. a) Daueranker, b) Kurzzeitanker

zeichnung der Meßwerte einer Eignungsprüfung in einem Ankerkraft – Verschiebungsdiagramm (im Prinzip einer Spannungsdehnungslinie wie bei einem Zugversuch der Materialprüfung) gibt Aufschluß darüber, ob:

a) der Anker die Gebrauchskraft mit der geforderten Sicherheit aufnehmen kann
b) die im Bauentwurf vorgesehene freie Stahllänge vorhanden ist
c) die bleibenden Verschiebungen akzeptabel sind
d) die Reibungsverluste beim Vorspannen akzeptabel sind

Die gemessenen Verschiebungen können in einen elastischen und einen bleibenden Anteil aufgespalten werden. Die elastischen Verschiebungen geben in erster Linie das Verhalten des Stahlzugglieds wieder und ermöglichen so die Kontrolle der freien Stahllänge. Die Kurve für die elastische Verschiebung muß innerhalb der Grenzlinien a und b liegen. Es bedeuten in den folgenden Gleichungen:

F_P = Prüfkraft
F_i = Vorlast (aus versuchstechnischen Gründen erforderlich)
F_W = Gebrauchskraft
E = E-Modul des Stahlzugglieds
A_S = Querschnittsfläche des Stahlzugglieds
l_{fS} = freie Stahllänge
l_v = Verankerungslänge des Stahls beim Verbundanker, hier die Verpreßkörperlänge
$l_Ü$ = Stahlüberstand beim Prüfen
η_K = Sicherheitsbeiwert für den Verpreßkörper

• Obere Grenzlinie, Grenzlinie a

Die Grenzlinie a berücksichtigt, daß der Krafteinleitungsschwerpunkt im Verpreßkörper beim Verbundanker nicht an dessen luftseitigem Ende liegt, sondern sich je nach Verteilung der Scherspannung in Richtung des bergseitigen Endes des Verpreßkörpers verschiebt. Aus Gründen der Sicherheit sollte der Krafteinleitungsschwerpunkt maximal in der Mitte der Verpreßkörperlänge liegen. Deshalb gibt die Grenzlinie a die elastische Dehnung eines Verbundankers wieder, dessen Krafteinleitungsschwerpunkt in der Mitte der Verankerungslänge liegt.

Bei Druckrohrankern ist diese Definition der Grenzlinie a konstruktionsbedingt nicht anwendbar. Hier wird die obere Begrenzung der elastischen Dehnung durch einen empirisch festgelegten Faktor bestimmt.

• Gleichung der Grenzlinie a für Verbundanker

$$s_{el} = \frac{F_P - F_i}{E \cdot A_S}\left(l_{fS} + l_Ü + \frac{l_v}{2}\right)$$

• Gleichung der Grenzlinie a für Druckrohranker

$$s_{el} = 1{,}1 \cdot \frac{F_P - F_i}{E \cdot A_S}\left(l_{fS} + l_Ü\right)$$

- **Untere Grenzlinie, Grenzlinie _b_**

Die Grenzlinie _b_ berücksichtigt, daß beim Spannen der Anker Kraftverluste durch Reibung im Bereich der freien Stahllänge nicht zu vermeiden sind. Da diese Reibungsverluste in den unteren und mittleren Kraftbereichen gegenüber der jeweiligen Ankerkraft prozentual höher ins Gewicht fallen, wird die Grenzlinie _b_ hier nach unten korrigiert.

Gleichung der Grenzlinie _b_ im Kraftbereich nahe der maximalen Prüfkraft
($F_P \geq 0{,}75 \cdot \eta_K \cdot F_W + F_i$)

$$s_{el} = 0{,}8 \cdot \frac{F_P - F_i}{E \cdot A_S} (l_{fS} + l_{\ddot{U}})$$

Im unteren und mittleren Kraftbereich wird die Grenzlinie _b_ durch den Linienzug $F_i - R - S$ dargestellt. Die Punkte R und S haben folgende Koordinaten:

Punkt	Verschiebungsachse s_{el}	Kraftachse F_p
R	0	$0{,}15 \cdot \eta_K \cdot F_w + F_i$
S	$0{,}6\,\eta_K \cdot F_W \cdot \dfrac{l_{fS}}{E \cdot A_S}$	$0{,}75 \cdot \eta_K \cdot F_w + F_i$

- **Theoretische Linie _c_**

Die theoretische Linie _c_ ist die Kraft-Verschiebungskurve eines Stahlzuggliedes mit der vorgesehenen freien Stahllänge l_{fS}.

$$s_{el} = \frac{F_P - F_i}{E \cdot A_S} (l_{fS} + l_{\ddot{U}})$$

Die bleibenden Verschiebungen bestehen in erster Linie aus Verformungen entlang der Mantelfläche zwischen Verpreßkörper und Baugrund und geben deshalb das bodenmechanische Tragverhalten wieder.

Auf den erstmals erreichten Laststufen wird bei konstant gehaltener Last das Zeit-Verschiebungs-Verhalten beobachtet (Bild 6-5). Es wird charakterisiert durch das Kriechmaß k_S. Darunter wird die Verschiebung bei konstanter Last in einem Zeitintervall verstanden, in dem t_2 zehnmal so groß ist wie t_1. Es wird aus einem annähernd geraden Kurvenast am Ende einer Zeit-Verschiebungs-Kurve ermittelt.

$$\text{Kriechmaß} \quad k_S = \frac{s_2 - s_1}{\log t_2 / t_1}$$

Aus der Entwicklung des Kriechmaßes kann die Grenztragfähigkeit des Ankers im Baugrund ermittelt werden (Bild 6-6). Sie ist nach DIN 4125 dann erreicht, wenn das Kriechmaß k_S = 2 mm beträgt. Gegenüber der Grenztragfähigkeit muß bei Daueankern eine Sicherheit

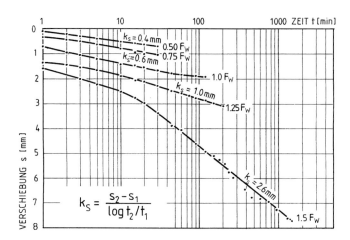

Bild 6-5 Zeit-Verschiebungs-Kurven und Ermittlung des Kriechmaßes
bei einer Eignungsprüfung

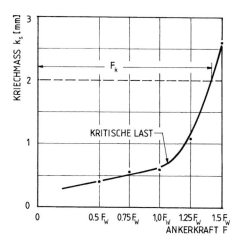

Bild 6-6 Ermittlung der Grenzlast aus dem Kriechmaß

von $\eta = 1,5$ eingehalten werden. Bei Ankern für vorübergehende Zwecke wird unterschieden, ob die Ankerkräfte aus dem aktiven Erddruck ($\eta = 1,5$) oder dem Erdruhedruck ($\eta = 1,33$) ermittelt wurden.

6.2.3   Abnahmeprüfung

Die Abnahmeprüfung ist grundsätzlich an jedem Anker (Daueranker und Anker für vorübergehende Zwecke) durchzuführen und erfolgt im allgemeinen in Verbindung mit dem Spannen des Ankers. Die Ergebnisse der Abnahmeprüfungen spiegeln die Abhängigkeit der Anker-

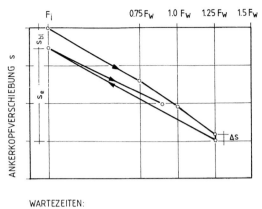

WARTEZEITEN:

BINDIGER BODEN: 15 min (5 ÷ 15 min: $\Delta s \leq 0.25\,mm$)
NICHTBIND. BODEN: 5 min (2 ÷ 5 min: $\Delta s \leq 0.2\,mm$)
SONST VERLÄNGERTE BEOBACHTUNGSZEIT: $k_s \leq 1.0\,mm$

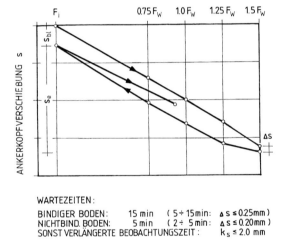

WARTEZEITEN:

BINDIGER BODEN: 15 min (5 ÷ 15 min: $\Delta s \leq 0.25\,mm$)
NICHTBIND. BODEN: 5 min (2 ÷ 5 min: $\Delta s \leq 0.20\,mm$)
SONST VERLÄNGERTE BEOBACHTUNGSZEIT: $k_s \leq 2.0\,mm$

Bild 6-7 Versuchsablauf bei einer Abnahmeprüfung

tragfähigkeit von den lokalen Baugrundverhältnissen und den Herstellungsbedingungen wieder.

Der Versuchsablauf der Abnahmeprüfungen für Anker für vorübergehende Zwecke und für Daueranker ist in Bild 6-7 dargestellt.

Falls die in Bild 6-7 angegebenen Verschiebungskriterien überschritten werden, ist die Beobachtungszeit auf der Prüflaststufe solange zu verlängern, bis eine eindeutige Bestimmung des Kriechmaßes möglich ist. Das Kriechmaß darf dann bei Kurzzeitankern ($F_P = 1{,}25 \cdot F_W$) maximal 1,0 mm und bei Daueranker ($F_P = 1{,}5 \cdot F_W$) maximal 2,0 mm betragen.

6.2.4   Gruppenprüfung

Eine gegenseitige Beeinflussung des bodenmechanischen Tragverhaltens kann im allgemei-nen ausgeschlossen werden, wenn zwischen den Ankerachsen im Bereich der Verpreßkörper ein Mindestabstand von ca. dem 10- bis 15-fachen Bohrlochdurchmesser eingehalten wird. Bei den üblichen Bohrlochdurchmessern entspricht dies ca. 1,5 m. Wird dieser Abstand unter-schritten, so sollte das Tragverhalten unter Berücksichtigung einer eventuellen Gruppenwirkung untersucht werden. Dabei werden drei unmittelbar benachbarte Anker in einer Gruppenprüfung gleichzeitig belastet. Dies kann auch im Rahmen der Eignungsprüfung erfolgen. Nach DIN 4125 wird eine Gruppenprüfung bei Abständen zwischen den Verpreßkörpern von weniger als 1,0 m ($F_W \le 700$ kN) bzw. 1,5 m ($F_W \le 1300$ kN) gefordert.

6.3   Ankernachprüfung

Unklarheiten über Art und Umfang der in den Zulassungen und in DIN 4125 angeführten Nachprüfpflicht führen oft zur Verunsicherung bei den planenden und prüfenden Ingenieuren und insbesondere beim Bauherrn. Die Nachprüfpflicht wird zum Teil in der Weise mißver-standen, daß bei Dauerankern über die volle Lebensdauer in regelmäßigen Abständen die Ankerkraft überprüft werden muß. Dies trifft nicht zu. Es muß vielmehr bei jeder Daueranker-baustelle im Einzelfall entschieden werden, ob und wann Kontrollmessungen am Einzelanker oder am Gesamtsystem später noch erforderlich sind.

Die DIN 4125 sagt zur Nachprüfung in Abschnitt 8.5:

> g)   Für Daueranker ist im Rahmen der statischen und konstruktiven Entwurfsbearbeitung festzule-
>   gen, ob und gegebenenfalls welche Verpreßanker nach Abschnitt 13 nachzuprüfen sind.

In Abschnitt 13 der DIN 4125 heißt es dazu:

> **13 Nachprüfung**
> Sind im System Anker/Bauwerk/Baugrund Verformungen zu erwarten, die wesentliche Dehnungs-
> und Kraftänderungen im Daueranker hervorrufen können, die sich ungünstig auf das Bauwerk oder
> die Anker auswirken, sind Nachprüfungen erforderlich. Die Entscheidung darüber sowie über den
> Umfang, die Anzahl der zu prüfenden Anker und die zeitlichen Abstände der Nachprüfungen sind
> nach Gesichtspunkten der Boden- und Felsmechanik und der Art des Bauwerks unter Berücksich-
> tigung der Ergebnisse der Eignungs- und Abnahmeprüfungen zu treffen.
> Auch bei Kurzzeitankern ist zu beurteilen, ob aus vorstehenden Gründen Nachprüfungen erforder-
> lich sind.
> Erforderliche Nachprüfungen sind durch Beobachtungen des Bauwerks und/oder Ankerkraft-
> messungen vorzunehmen.
> Beobachtungen und Meßergebnisse bei den Nachprüfungen sind in Protokollen festzuhalten.

Die DIN 4125 macht also eindeutige Aussagen dazu, wann eine Nachprüfung erforderlich ist. Bei der Mehrzahl der Baumaßnahmen kann man auf Nachprüfungen verzichten. Kriterien dafür, ob man Nachprüfungen vorsehen muß, sind:

a) Für den betreffenden Ankertyp besteht nach dem Zulassungsbescheid eine Nachprüfpflicht aus konstruktiven Gesichtspunkten (Korrosionsschutz). Die meisten Dauerankersysteme sind in diesem Punkt von der Nachprüfpflicht befreit. Lediglich die Dauerankersysteme, bei denen für den Korrosionsschutz relevante Teile im Bohrloch hergestellt werden, sind aus konstruktiven Gründen nicht von der Nachprüfung befreit.

Hinsichtlich des Korrosionsschutzes werden Nachprüfungen bei Temporärankern nur dann erforderlich, wenn die Einsatzdauer der Anker aus unvorhergesehenen Gründen 2 Jahre übersteigt.

b) Eine Nachprüfung nahelegende Ergebnisse der Eignungs- und Abnahmeprüfungen (z. B. hohe Kriechmaße oder Versagen von einzelnen Ankern bei den Prüfungen).

c) Mögliches Verhalten, Sicherheitsannahmen und Gefährdungsgrad des Gesamtsystems (z. B. Sicherung eines Hanganschnittes an einem Verkehrsweg).

Die Punkte a) und b) betreffen ausschließlich das einzelne Sicherungselement Anker. Sie können in der Regel durch Kontrollen bei der Herstellung und beim Einbau des Ankers bzw. durch stichprobenartige Messungen an einer ausgewählten Anzahl von Ankern (5 % bis 10 %) meist noch während der Bauzeit geklärt werden.

Die überwiegende Anzahl von Nachprüfungen muß auf Grund von Punkt c), also dem Verhalten des Gesamtsystems, durchgeführt werden. Die Messungen müssen dabei so geplant werden, daß auch tatsächlich das Verhalten des Gesamtsystems bzw. mögliche Versagensmechanismen erfaßt werden können. Dies ist nur durch eine Kombination von Kraft- und Verformungsmessungen an den Sicherungselementen sowie durch Verformungsmessungen im Umfeld der Sicherungsmaßnahme möglich. Erst durch die sich gegenseitig ergänzenden Messungen kann das Verhalten des Gesamtsystems beurteilt und mögliche Schwachstellen können erkannt werden.

Nachprüfungen sind auch immer dann erforderlich, wenn eine Sicherungsmaßnahme empirisch konzipiert wird, wenn also zunächst eine minimale Ankeranzahl eingebaut wird und durch Messungen der Erfolg der Maßnahme kontrolliert wird. Falls die Verformungen auf Grund der ersten Verankerung nicht zum Stillstand kommen, werden weitere Anker angeordnet. Diese Vorgehensweise kann kostensparend sein. Die Anker müssen dabei nachstellbar sein (Nachspannen der Anker bzw. Ablassen der Ankerkräfte).

Für die Nachprüfung bestehen folgende Möglichkeiten:

a) Direkte Kontrolle der Ankerkräfte mit fest installierten Kraftmeßdosen oder mit Abhebeversuchen.

b) Indirekte Kontrolle durch meßtechnische Überwachung der mit Ankern gesicherten Bauteile. Dazu eignen sich geodätische Verschiebungsmessungen, Neigungsmessungen, Riß- und Fugenbeobachtung, Extensometermessungen und Durchbiegungsmessungen.

Überwachungen nach Punkt c) sind nicht spezifisch für Verankerungen. Sie sind im Prinzip unabhängig davon, ob als Sicherungselemente Anker, Nägel, Pfähle oder z. B. lediglich eine Stützmauer verwendet werden. Bei Nachprüfungen nach Punkt c) wird man die Messungen nur solange durchführen, bis ein unkritisches Verhalten nachgewiesen ist. Auch dies kann oft bereits während der Bauzeit erfolgen. Möglichkeiten zur Nachprüfung werden im nächsten Abschnitt erläutert.

DYWIDAG-Stabanker

Sechskantzahnmutter
Kappe
Ankerplatte
Korrosionsschutzmasse
Gewindestab
Zementmörtel
Hüllrohr glatt
Hüllrohr gerippt
Abstandhalter
Injizierkappe

Daueranker

Sechskantzahnmutter
Kappe
Ankerplatte
Hüllrohr
Gewindestab
Abstandhalter

Temporäranker

Stahlgüte [N/mm²]	Nenndurchmesser [mm]	Last a. d. Streckgrenze [kN]	Bruchlast [kN]
835/1030	26,5	460	568
835/1030	32	671	828
835/1030	36	850	1048
900/1030 WR	26,5	496	568
900/1030 WR	32	724	828
900/1030 WR	36	916	1048
1080/1230	26,5	595	678
1080/1230	32	868	989
1080/1230	36	1099	1252
500/550	40	628	691
500/550	50	982	1080
500/550	63,5	1758	2217

DYWIDAG-Litzenanker

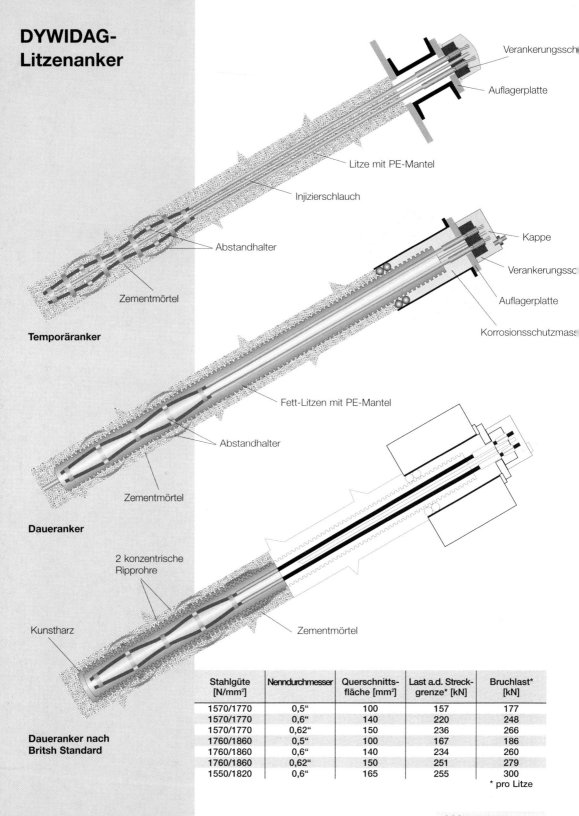

Verankerungssch

Auflagerplatte

Litze mit PE-Mantel

Injizierschlauch

Abstandhalter

Zementmörtel

Temporäranker

Kappe

Verankerungssc

Auflagerplatte

Korrosionsschutzmass

Fett-Litzen mit PE-Mantel

Abstandhalter

Zementmörtel

Daueranker

2 konzentrische Ripprohre

Kunstharz

Zementmörtel

Daueranker nach Britsh Standard

Stahlgüte [N/mm²]	Nenndurchmesser	Querschnitts-fläche [mm²]	Last a.d. Streck-grenze* [kN]	Bruchlast* [kN]
1570/1770	0,5"	100	157	177
1570/1770	0,6"	140	220	248
1570/1770	0,62"	150	236	266
1760/1860	0,5"	100	167	186
1760/1860	0,6"	140	234	260
1760/1860	0,62"	150	251	279
1550/1820	0,6"	165	255	300

* pro Litze

DYWIDAG-
Ausbaubare Anker

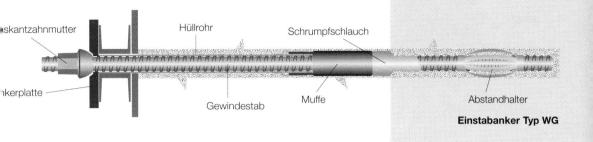

Sechskantzahnmutter · Hüllrohr · Schrumpfschlauch · Ankerplatte · Gewindestab · Muffe · Abstandhalter

Einstabanker Typ WG

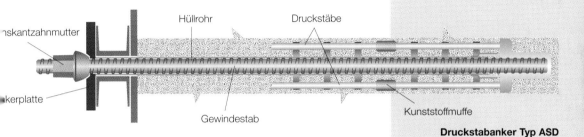

Sechskantzahnmutter · Hüllrohr · Druckstäbe · Ankerplatte · Gewindestab · Kunststoffmuffe

Druckstabanker Typ ASD

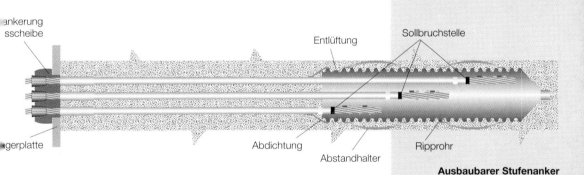

Verankerung · Pressscheibe · Entlüftung · Sollbruchstelle · Lagerplatte · Abdichtung · Abstandhalter · Ripprohr

Ausbaubarer Stufenanker

Stahlgüte [N/mm²]	Litzenanzahl	Nenndurchmesser	Last a.d. Streck- grenze [kN]	Bruchlast [kN]
		Gewindestab		
835/1030		26,5 mm	460	568
835/1030		32 mm	671	828
835/1030		36 mm	850	1048
1080/1230		26,5 mm	595	678
1080/1230		32 mm	868	989
1080/1230		36 mm	1099	1252
		Litze		
1570/1770	3	0,62"	708	660*
1570/1770	4	0,62"	944	880*
1570/1770	5	0,62"	1180	1100*
1570/1770	7	0,62"	1652	1540*
* Last an der Sollbruchstelle				

Injektionsbohr-anker Typ MAI

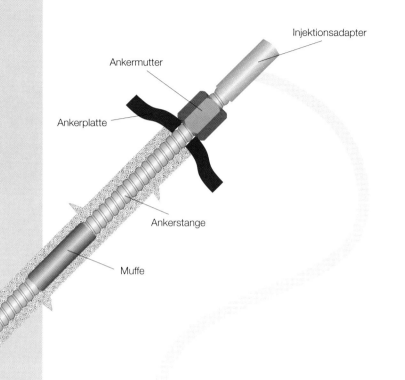

Injektionsadapter

Ankermutter

Ankerplatte

Ankerstange

Muffe

Zementmörtel

Bohrkrone

MAI-Pumpe

Außendurchmesser [mm]	Typ	Last a.d. Streck-grenze [kN]	Bruchlast [kN]
25	N	150	200
32	N	230	280
32	S	280	360
38	N	400	500
51	L	450	500
51	N	630	800

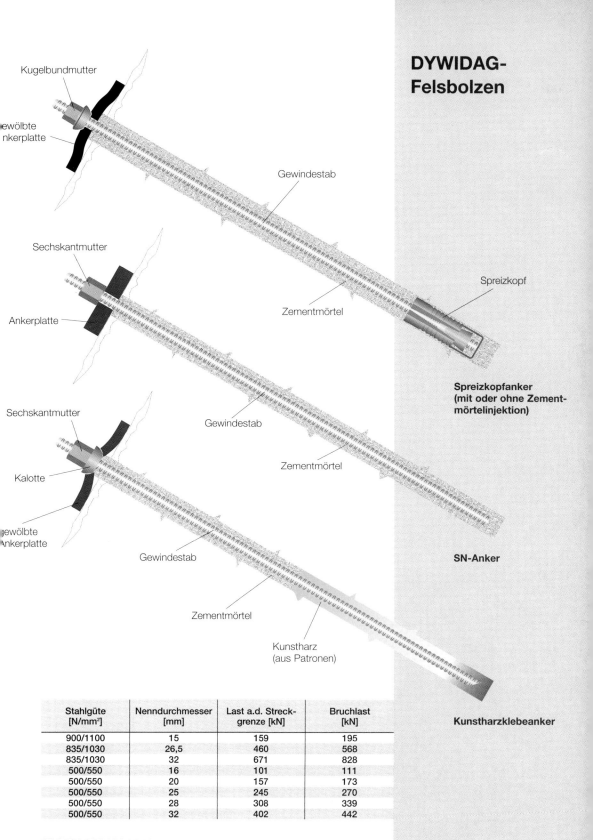

DYWIDAG-
Felsbolzen

Kugelbundmutter

gewölbte Ankerplatte

Gewindestab

Sechskantmutter

Spreizkopf

Ankerplatte

Zementmörtel

**Spreizkopfanker
(mit oder ohne Zement-
mörtelinjektion)**

Sechskantmutter

Gewindestab

Zementmörtel

Kalotte

gewölbte Ankerplatte

Gewindestab

SN-Anker

Zementmörtel

Kunstharz
(aus Patronen)

Kunstharzklebeanker

Stahlgüte [N/mm²]	Nenndurchmesser [mm]	Last a.d. Streck- grenze [kN]	Bruchlast [kN]
900/1100	15	159	195
835/1030	26,5	460	568
835/1030	32	671	828
500/550	16	101	111
500/550	20	157	173
500/550	25	245	270
500/550	28	308	339
500/550	32	402	442

DSI DYWIDAG-GEOTECHNIK

GEWI-Pfahl

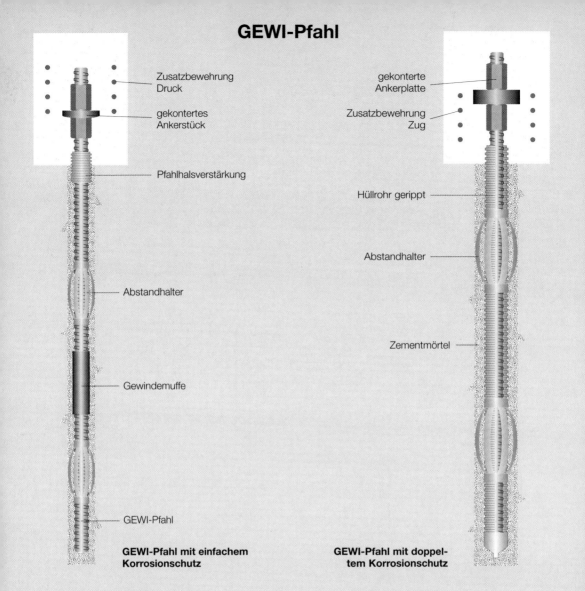

Linke Abbildung (Beschriftungen):
- Zusatzbewehrung Druck
- gekontertes Ankerstück
- Pfahlhalsverstärkung
- Abstandhalter
- Gewindemuffe
- GEWI-Pfahl

GEWI-Pfahl mit einfachem Korrosionschutz

Rechte Abbildung (Beschriftungen):
- gekonterte Ankerplatte
- Zusatzbewehrung Zug
- Hüllrohr gerippt
- Abstandhalter
- Zementmörtel

GEWI-Pfahl mit doppeltem Korrosionschutz

GEWI-Pfahl

Durchmesser [mm]	Querschnitts-fläche [mm²]	Last a.d. Streck-grenze [kN]	Bruchlast [kN]
32	804	402	442
40	1257	628	691
50	1963	982	1080
63,5	3167	1758	2217

GEWI-Mehrstab-Pfahl

Durchmesser [mm]	Querschnitts-fläche [mm²]	Last a.d. Streck-grenze [kN]	Bruchlast [kN]
3 x 32	2412	1206	1327
1 x 40, 1 x 50	3220	1610	1771
3 x 40	3770	1885	2074
2 x 50	3927	1963	2160
2 x 40, 1 x 50	4477	2238	2462
1 x 40, 2 x 50	5184	2592	2851
3 x 50	5890	2945	3240

Zentrale:
DYWIDAG-SYSTEMS INTERNATIONAL GMBH
Postfach 810268
D-81902 München
Erdinger Landstraße 1
Tel. +49 - 89 - 92 67 - 0
Fax +49 - 89 - 92 67 - 2 52
E-mail: dsihv@dywidag-systems.com
www.dywidag-systems.com

DYWIDAG-SYSTEMS INTERNATIONAL GMBH
Niederlassung Salzburg
Christophorusstr. 12
A-5061 Elsbethen/Salzburg
Tel. +43 - 6 62 - 62 57 97
Fax +43 - 6 62 - 62 86 72
E-mail: dsi-a@dywidag.co.at
www.dywidag-systems.com

MAI INTERNATIONAL GMBH
Werkstraße 17
Postfach 8
A-9710 Feistritz/Drau
Tel. +43 - 42 45 - 62 33-0
Fax +43 - 42 45 - 62 33-10
E-mail: mai@mai.co.at
www.mai.co.at

7 Überwachung eingebauter Anker

7.1 Optische Kontrollen der sichtbaren Ankerteile

Die meist am wenigsten aufwendige Art der Überwachung ist die Inaugenscheinnahme der Ankerköpfe. Allerdings gibt eine solche Inaugenscheinnahme keine Informationen über den Zustand des Stahlzuggliedes oder gar die Ankerkraft. Allenfalls läßt sich erkennen, wenn Anker gerissen sind, oder wenn z. B. Litzen durch die Verkeilung gerutscht sind. Da der Ankerkopf hinsichtlich des Korrosionsangriffes am meisten gefährdet ist, machen solche Kontrollen Sinn, auch wenn man bei Dauerankern die Schutzkappe abnehmen muß, um sie durchzuführen.

Für Nägel und leichte Einstabanker hat die Industrie für die optische Überprüfung verschiedene Kontrollelemente entwickelt, mit denen man eine Überlastung erkennen kann. Die Firma Dywidag bietet für ihre dünneren GEWI-Stähle eine geschlitzte Kontrollmutter an, die anstelle einer üblichen Mutter aufgeschraubt werden kann (Bild 7-1). Bei einer definierten Belastung schließt sich der Schlitz, weil der untere Teil der Mutter über das Gewinde gezogen wird [8].

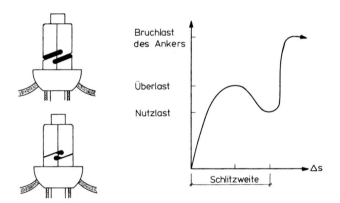

Bild 7-1 Kontrollmutter für die Überlasterkennung bei GEWI-Zuggliedern

Insbesondere für Gebirgsanker im Bergbau wurde von der Bergbau-Forschung GmbH (Essen) ein Distanzelement entwickelt, das zwischen Ankermutter und Ankerplatte montiert wird (Bild 7-2). Das Bauteil aus Grauguß ist außen mit Emaille beschichtet. Wenn es durch Überlast des Ankers eine bestimmte Stauchung erfährt, beginnt die Emaille abzuplatzen, was durch Inaugenscheinnahme leicht erkannt werden kann [15].

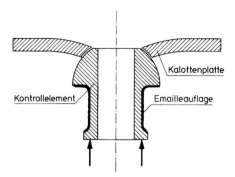

Bild 7-2 Kontrollelement zur Überlasterkennung bei Gebirgsankern

7.2   Ankerkraftüberwachung mit Abhebeversuchen

Die Nachprüfung von Ankerkräften mit Abhebeversuchen ist die sicherste Methode, um auch nach sehr langer Zeit zuverlässig die Ankerkräfte zu überprüfen (Bild 7-3). Die Erfahrung hat gezeigt, daß alle Kraftmeßgeber, seien sie elektrisch oder hydraulisch, über viele Jahre hinweg an Zuverlässigkeit der Anzeige verlieren. Es empfiehlt sich also, wenn man mit der Notwendigkeit von Ankerkraftkontrollen auch nach vielen Jahren rechnen muß, die Köpfe der Anker für die Durchführung von Abhebeversuchen auszubilden.

Das Prinzip von Abhebeversuchen besteht darin, das Zugglied durch Aufmuffen so zu verlängern (bzw. bei Litzenankern den Keilträger mit einer Schraubglocke zu fassen), daß eine Spannpresse und Kraftmeßdose darüber montiert werden können (siehe Bild 7-3). Spannt man nun den Anker, so wird zunächst nur die Länge zwischen der Ankerplatte und der oberen Mutter über der Kraftmeßdose gedehnt. Wenn die Zugkraft gleich der aktuellen Ankerkraft ist, hebt sich die untere Ankermutter (bei Litzenankern der Keilträger) von der Unterlage ab. Bei weiterer Krafterhöhung muß das gesamte Zugglied bis zum Verpreßkörper gedehnt werden. Die Auftragung der Zugkraft über der Kopfverschiebung zeigt im Schnittpunkt der beiden Geraden vor und nach dem Abheben die Ankerkraft. Bild 7-5 zeigt die Durchführung eines Abhebeversuches an einem Einstabanker.

Häufig ist die nachträgliche Feststellung der Ankerkraft durch Abhebeversuche nicht ohne weiteres möglich, weil die Ankerzugglieder nicht mehr genügend Überstand haben, um sie packen und ziehen zu können. Um Einstabanker dennoch in manchen Fällen prüfen zu können, wurden spezielle Klemmvorrichtungen entwickelt, die allerdings mindestens zwei bis drei Gewindegänge als Kraftübertragungsstrecke benötigen. Litzen- und Bündelanker lassen sich nur dann als Ganzes abheben, wenn die Keilträger ein Außengewinde haben. Mit einer Einzellitzenspannpresse kann man, wenn dies nicht der Fall ist, versuchen, aus der Summe der Kräfte der Einzellitzen die Gesamtankerkraft zu ermitteln. Diese Methode scheitert, wenn die Litzen dicht über der Verkeilung gekappt wurden. Als Mindestüberstand sind ca. 4 cm erforderlich, wobei auch bei diesem geringen Maß eine Sonderkonstruktion der Keilmuffe notwendig ist.

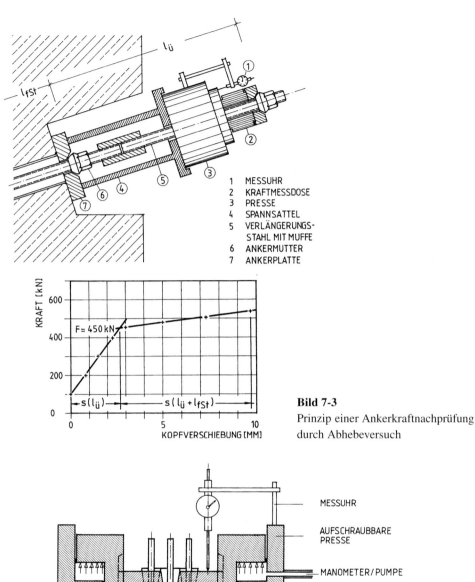

1 MESSUHR
2 KRAFTMESSDOSE
3 PRESSE
4 SPANNSATTEL
5 VERLÄNGERUNGS-
   STAHL MIT MUFFE
6 ANKERMUTTER
7 ANKERPLATTE

Bild 7-3
Prinzip einer Ankerkraftnachprüfung
durch Abhebeversuch

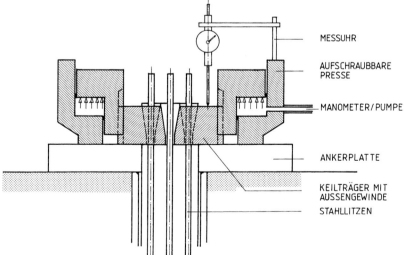

MESSUHR

AUFSCHRAUBBARE
PRESSE

MANOMETER/PUMPE

ANKERPLATTE

KEILTRÄGER MIT
AUSSENGEWINDE
STAHLLITZEN

Bild 7-4 Aufschraubbare Abhebepresse für Litzen- oder Bündelanker

Bild 7-5 Abhebeversuch an einem Einstabanker (mit spezieller Spannbrücke, erforderlich wegen zu
geringen Zuggliedüberstands)

7.3   Im Bohrloch eingebaute Kontrolleinrichtungen

7.3.1   Optische Sensoren/Lichtwellenleitersensoren

Durch die Integration von Lichtwellenleitern (LWL) aus Glas in einen Faserverbundstab erhält man die Möglichkeit, solche derart geschützten Sensoren zusammen mit den Spannstählen
in Anker einzubauen und sie als Meß- und Überwachungselemente zu nutzen. Das Meßprinzip
besteht darin, an der Eingangsseite ein Lichtsignal in den Leiter zu schicken. Das Signal durch-
läuft den Sensor und trifft dabei auf eingebaute Reflektoren. Dort wird ein Teil des Lichtes zur
Lichtquelle hin reflektiert, der Rest passiert den Reflektor und trifft auf den nächsten, usw.
Am bergseitigen Ende des Sensors wird der ankommende Rest des Lichtes durch eine
Verspiegelung reflektiert und am Eingang wieder registriert. Die Laufzeiten der reflektierten
Lichtanteile werden gemessen und mit denen in einem nicht belasteten Referenz-Lichtwellen-
leiter verglichen. Auf diese Weise lassen sich Aussagen über die Dehnungen des LWL und
damit des Ankers gewinnen [16]. Die Aussagen müssen dann interpretiert und der Zustand der
Verankerung beurteilt werden.

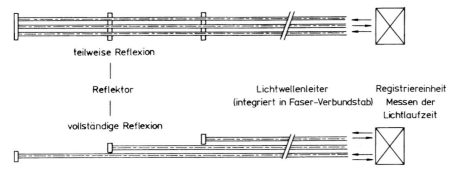

Bild 7-6 Prinzip der Ankerüberwachung mit Lichtwellenleitersensoren

7.3.2   Potentialmessungen mit eingebauten Elektroden

Durch den Einbau einer Kupferelektrode parallel zum Ankerstahl über die gesamte Ankerlänge läßt sich am Ankerkopf das elektrische Potential zwischen Kupferelektrode und Zugglied messen. Die Elektrode darf den Stahl nicht berühren und wird innerhalb des PVC-Schutz-
rohres durch Abstandhalter positioniert. Wenn während der Lebensdauer des Ankers eine Ver-
änderung am Korrosionschutz eintritt, die beim Ankerstahl eine anodische Reaktion auslöst,
so sinkt das Potential zwischen Elektrode und Anker. Bei einem Absinken des Potentials unter
ca. –200 mV wird nach [17] die Wahrscheinlichkeit groß, daß am Anker Korrosion eingetreten ist. Die von Wietek beschriebene Überwachungsmethode hat sich bisher nicht allgemein
durchgesetzt. Ebenso wie bei der Überwachung durch Lichtwellenleitersensoren ist es sicher-
lich nicht leicht, aufgrund der Ergebnisse der Potentialmessung unter Umständen den Ersatz
einer Verankerung anordnen zu müssen.

7.3.3   Reflektometrische Impulsmessungen

Reflektometrische Impulsmessungen nutzen die Eigenschaften eines hochfrequenten
Wechselstromkreises. Legt man eine Wechselspannung an ein Zugglied an, so geht der imagi-
näre Blindwiderstand mit seinem kapazitiven und induktiven Anteil gegen Null, wenn die
Spannung die Resonanzfrequenz des Zuggliedes besitzt. Die zugehörige minimale Impedanz
ist die charakteristische Impedanz des elektrischen Leiters (des Zuggliedes). Tritt im Leiter
Korrosion auf, so ändert sich die Impedanz. Ein Teil der Energie wird reflektiert und überla-
gert sich am Ausgangspunkt mit dem ausgesandten Signal. Durch die elektronische Trennung
beider Signale ist es möglich, Rückschlüsse auf den Ort der Korrosion zu treffen [18]. Das
Verfahren hat, wie die vorerwähnten, noch keinen allgemeinen Eingang in die Ankertechnik
gefunden.

7.4   Überwachung der Ankerkräfte mit fest installierten Kraftmeßeinrichtungen

Zur mittelfristigen Überwachung von Ankerkräften dienen elektrische oder hydraulische Kraftmeßringe, die zwischen Ankerkopf und Auflagerkonstruktion eingebaut werden.

Elektrische Kraftmeßringe bestehen oft aus einem hantelförmigen Zentralkörper aus Spezialstahl, der einen Durchgang für das Stahlzugglied hat (Bild 7-7). Auf dem Schaft des Zentralkörpers sind Dehnungsmeßstreifen appliziert, mit denen es möglich ist, elastische Stauchungen oder Dehnungen des Zentralkörpers infolge einer auf ihn einwirkenden Ankerkraft genau zu messen und daraus die Ankerkraft zu bestimmen. Um den Zentralkörper ist ein Schutzrohr angeordnet. Die Dehnungen werden mit einer Brückenschaltung gemessen. Moderne Anzeigegeräte (Bild 7-8) zeigen die Ankerkraft direkt in Kilonewton an.

Hydraulische Kraftmeßgeber basieren auf dem Prinzip, die Ankerkraft auf einen ölgefüllten Hohlkörper mit definiertem Querschnitt einwirken zu lassen (Bild 7-9). Die Ankerkraft erzeugt einen Druck im Hohlkörper, der z. B. mit einem Manometer gemessen werden kann. Er ist proportional zur Ankerkraft – im Prinzip sind solche Meßgeber umgekehrte hydraulische Pressen.

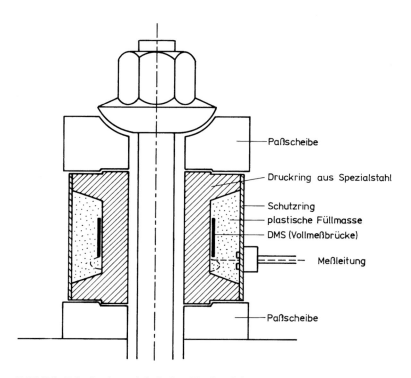

Bild 7-7 Prinzip eines elektrischen Kraftmeßringes

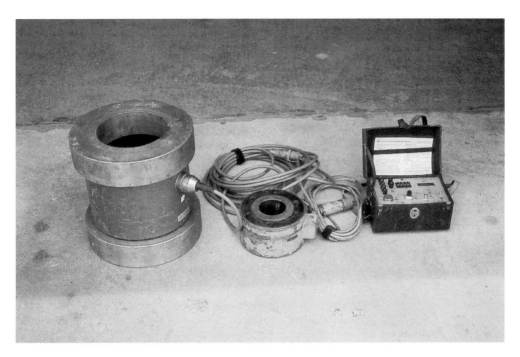

Bild 7-8 Elektrische Kraftmeßringe und Anzeigegerät (DMD 20)

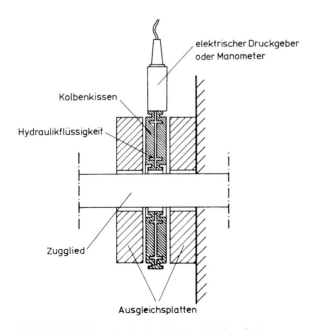

Bild 7-9 Prinzip eines hydraulischen Kraftmeßgebers

Bild 7-10 Hydraulischer Kraftmeßring

Sowohl elektrische als auch hydraulische Kraftmeßgeber haben keine unbeschränkte Lebensdauer. Nach den Erfahrungen der Verfasser muß man nach einigen Jahren mit Ausfällen und zunehmender Ungenauigkeit rechnen. Für eine sehr langfristige direkte Ankerkraftüberwachung sollte man daher Abhebeversuche vorsehen.

7.5   Indirekte Überwachung mit Extensometern

Eine indirekte Überwachung einer Verankerungsmaßnahme kann man vornehmen, indem man die Verschiebung der Ankerköpfe oder der verankerten Konstruktion genau mißt. Dazu eignen sich besonders gut Extensometer. Extensometer sind Meßanker, die in Bohrlöcher eingebaut werden und an der Bohrlochsohle mit dem Gebirge kraftschlüssig verbunden werden (siehe Bild 7-11). Wenn die Bohrlochsohle keine Verschiebungen erfährt, äußert sich eine Gebirgsbewegung zwischen der Sohle und dem Bohrlochkopf in einer Relativbewegung zwischen Extensometerstab und Bohrlochkopf, die man z. B. mit einer Meßuhr sehr genau messen kann.

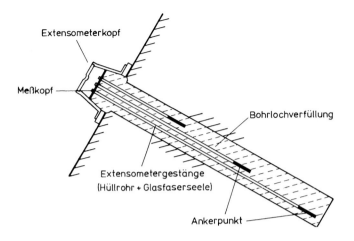

Bild 7-11 Prinzip eines Stangenextensometers

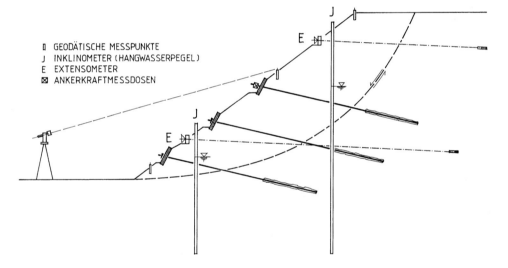

Bild 7-12 Meßtechnische Überwachung einer mit Ankern gesicherten Böschung

7.6 Prüfung durch elektrische Widerstandsmessungen

Die Unversehrtheit des Korrosionsschutzes von eingebauten Dauerankern läßt sich durch elektrische Widerstandsmessungen überprüfen, wenn die Anker einschließlich der Ankerköpfe vom Gebirge durch Isolationsplatten vollständig elektrisch getrennt werden. Die elektrischen Prüfungen wurden vor allem in der Schweiz seit etwa 10 Jahren in die Baupraxis eingeführt [19]. Von verschiedenen Firmen und einer Korrosionskommission wurden Empfehlungen für die Projektierung und Ausführung des Korrosionsschutzes von Dauerankern erarbeitet [20].

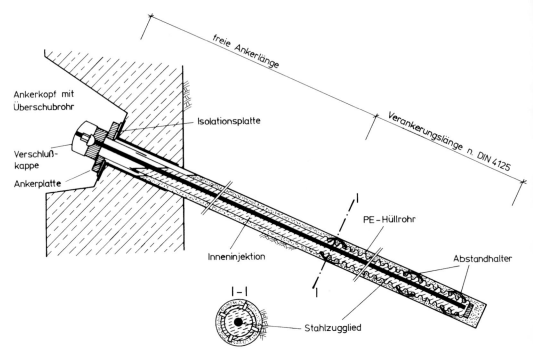

Bild 7-13 Daueranker mit Isolationsplatte

Diese Empfehlungen beinhalten nicht nur die elektrischen Prüfungen, sondern geben auch Hinweise für die konstruktive Durchbildung von Ankern, die in Deutschland Bestandteile der Zulassungsbescheide sind.

Bild 7-13 zeigt einen Schnitt durch einen Daueranker, der für die Überprüfung des Korrosionsschutzes durch elektrische Widerstandsmessung ausgelegt ist.

Die elektrische Prüfung erfolgt in der Regel in zwei Schritten. Beim ersten Schritt wird am injizierten, aber noch nicht gespannten Anker geprüft, ob die Kunststoffumhüllung des Stahlzuggliedes unbeschädigt ist (Bild 7-14). Dazu wird zwischen dem Kopf des Zugglieds und dem Boden eine Spannung (500 V, Gleichstrom) angelegt; der Widerstand zwischen Zugglied und Boden sollte größer als 0,1 Megaohm sein. In einer zweiten Messung (Bild 7-15) wird geprüft, ob der Ankerkopf von der Bewehrung des Bauwerks elektrisch getrennt ist. Die Prüfung erfolgt am gespannten Anker vor der Injektion der Kopfteile. Eine Spannung von ca. 40 V (Wechselstrom) wird zwischen den Ankerkopf und die Metallplatte unter der Isolationsplatte gelegt; der Widerstand sollte größer als 100 Ohm sein.

Um die Messungen zuverlässig durchzuführen, müssen alle Kopfteile des Ankers sauber und trocken sein; die Anschlußstellen selbst müssen metallisch blank sein. Da sich zum Widerstand des Ankers die Widerstände des Erdungselements (z. B. Stahlstab) sowie der Kabel und Kontakte addiert, müssen diese Widerstände möglichst klein gehalten werden. Die schweizer

Empfehlungen erlauben eine maximale Überschreitung der Meßwerte bei 10 % der eingebauten Anker, sofern die „fehlerhaften" Anker annähernd statistisch verteilt sind.

Die Überprüfung des Korrosionsschutzes mit elektrischen Widerstandsmessungen hat sich bisher in Deutschland nicht durchsetzen können.

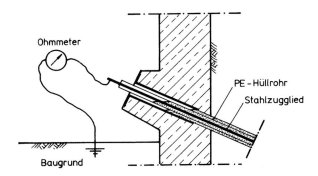

Bild 7-14   Prüfung des Widerstands zwischen Stahlzugglied und Baugrund [19]

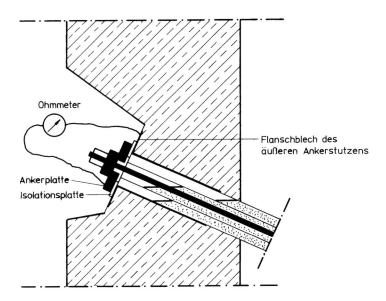

Bild 7-15   Prüfung des Widerstands zwischen Ankerkopf und Bauteil [19]

8 Schadensmöglichkeiten bei Verpreßankern

8.1 Schäden durch Korrosion der Stahlzugglieder und Ankerkopfteile

Die Skepsis, die in manchen Bauverwaltungen insbesondere Dauerankern entgegengebracht wird, ist meist in der Furcht vor Korrosionsproblemen begründet. Manchmal ist sie Folge der Nachwirkung von Schäden, die an Bauwerken aus der Entwicklungsphase des Spannbetonbaus aufgetreten sind. Die Häufigkeit von Schäden an Verankerungen aufgrund von Korrosions-erscheinungen ist gering. Probleme durch herstellungstechnische oder konstruktive Mängel bzw. durch Fehleinschätzung der Gesamtsituation treten wesentlich häufiger als Schadens-ursachen bei Verankerungen auf. Eigenartigerweise wird ihnen oft jedoch weniger Bedeutung zugemessen.

Die Erfahrungen der letzten 25 Jahre mit Dauerankern zeigen, daß die zugelassenen Dauer-ankersysteme einen zuverlässigen Schutz gegen Korrosion bieten. Korrosionsschäden waren in allen Fällen, die den Verfassern bekannt geworden sind, auf Ausführungsmängel zurückzu-führen und nie systembedingt. Bei der Ausführung von Ankern, insbesondere Dauerankern, kommt deshalb der Qualitätssicherung ein besonders hoher Stellenwert zu.

Korrosionsangriff auf Metalle erfolgt je nach den Randbedingungen in unterschiedlicher Weise. Man unterscheidet zwischen:

– gleichmäßigem Flächenabtrag (Flächenkorrosion)
– lokalem Abtrag in Form von Mulden- oder Lochkorrosion
– Rißkorrosion (ohne und mit mechanischer Beanspruchung)

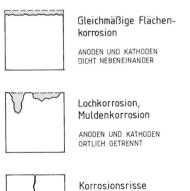

Gleichmäßige Flächen-korrosion

ANODEN UND KATHODEN DICHT NEBENEINANDER

Lochkorrosion, Muldenkorrosion

ANODEN UND KATHODEN ÖRTLICH GETRENNT

Korrosionsrisse

z.B. SPANNUNGSRISSKORROSION SCHWINGUNGSRISSKORROSION

Bild 8-1 Korrosionsarten

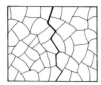

interkristalline
Spannungsrißkorrosion

RISSE ENTLANG DER
KORNGRENZEN

transkristalline
Spannungsrißkorrosion

RISSE DURCH DAS
KORNINNERE

Bild 8-2 Rißverlauf bei der Spannungsrißkorrosion

Gleichmäßiger Flächenabtrag durch Korrosion ist für Anker relativ unkritisch, kommt allerdings in der Praxis auch kaum vor. Gefährlicher ist lokaler Abtrag durch Mulden- oder Lochkorrosion. Am schädlichsten und unangenehmsten ist die Korrosion an Rissen. In der Ankertechnik spielt bei Zuggliedversagen infolge Korrosion in der Regel immer die mechanische Beanspruchung (Zugspannung) eine Rolle – man spricht von Spannungsrißkorrosion. Spannungsrisse können interkristallin (entlang der Korngrenzen) oder transkristallin (Rißverlauf durch das Korninnere) auftreten (Bild 8-2).

Eine Sonderform der Spannungsrißkorrosion stellt die wasserstoffinduzierte Spannungsrißkorrosion dar. Bei Korrosionsschäden an den Spannstählen von Verpreßankern stellt sie in der Regel die Versagensursache dar. Bei der Spannungsrißkorrosion reichert sich lokal bei Korrosionsreaktionen entstehender atomarer Wasserstoff an der Stahloberfläche an. Die Wasserstoffatome können in das Metallgitter des Stahls diffundieren und bewirken eine Versprödung des Stahls, die schließlich zum Bruch führen kann.

Besonders gefährdet durch Spannungsrißkorrosion sind Bereiche, in denen sich eine größere Wasserstoffkonzentration ausbilden kann, und an denen gleichzeitig Spannungskonzentrationen auftreten. Dies kann am Grund von Korrosionsnarben oder Kerben und Anrissen an der Stab- oder Litzenoberfläche der Fall sein. Der Mangel an freiem Sauerstoff verhindert hier eine Kompensierung des Wasserstoffs; zudem ist das Kristallgitter durch die erhöhten Spannungen in diesem Bereich am stärksten aufgeweitet. Ein Eindringen des Wasserstoffs wird dadurch erleichtert. Besonders anfällig für diesen Prozeß sind Stähle höherer Festigkeit ($R_m > 1200$ N/mm^2). Die sich ausbildenden Risse verlaufen immer senkrecht zur Richtung der Hauptnormalspannung (Zugspannung). Es bildet sich zunächst ein halbellipsenförmiger Anriß von meist weniger als 10 bis 20 % der späteren Bruchfläche. Die Rißbildung schreitet fort, und der Bruch erfolgt schließlich ohne Vorankündigung und auch ohne Einschnürung [21]. Relativ unempfindlich gegenüber Spannungsrißkorrosion sind dabei kaltgezogene Drähte, wie sie bei Litzenspanngliedern verwendet werden.

Bei der überwiegenden Anzahl der in Deutschland heute gebräuchlichen Dauerankersysteme wird der Korrosionsschutz im Bereich der Verpreßstrecke und der freien Stahllänge werksmäßig, d. h. in einem Montagewerk unter kontrollierten Bedingungen, hergestellt. Der Trend geht jedoch dahin, daß lediglich die Kunststoffteile und das Stahlzugglied werksmäßig vormontiert werden, und der eigentliche Korrosionsschutz durch Auspressen eines gerippten Kunststoffrohres mit Zementsuspension nach dem Einbau in das Bohrloch erfolgt. Aus dieser Vorgehensweise ergeben sich bei Litzenankern (die mittlerweile marktführend sind) Vorteile beim Transport zur Baustelle und in der Handhabung beim Einbau in das Bohrloch. Die Eigenschaften der einzupressenden Zementsuspension und der Arbeitsablauf müssen dabei exakt festgelegt und überwacht werden, um eine vergleichbare Qualität wie bei der werksmäßigen Herstellung zu erreichen. Unter den Gesichtspunkten der Qualitätssicherung ist die werksmäßige Herstellung des Korrosionsschutzes immer vorzuziehen.

Bei richtig hergestellten Temporär- und Dauerankern wird das Wasser vom Stahlzugglied vollständig ferngehalten. Korrosionsangriff auf den Stahl sollte also eigentlich ausgeschlossen sein. In der Praxis sieht das gelegentlich, insbesondere bei Ankern für vorübergehende Zwecke, anders aus. Wenn durch Ausführungsmängel und/oder besonders aggressive Umweltbedingungen Korrosion der Stahlzugglieder und der sonstigen Ankerteile eintritt, sind Litzen- oder Mehrstabanker im übrigen unproblematischer als Einstabanker. Ein völliges Versagen eines solchen Anker tritt nicht schlagartig ein wie bei Einstabankern, sondern es versagen zunächst einzelne Litzen oder Stäbe. Das kann man feststellen und notfalls Sicherungsmaßnahmen ergreifen.

Die größte Korrosionsgefahr herrscht am Ankerkopf, wo die Stahlteile mit dem Sauerstoff der Luft in Berührung kommen, und hier insbesondere im Bereich des Übergangs vom Hüllrohr der freien Stahllänge zum Überschubrohr.

8.2 Schäden durch konstruktive Mängel des Bauentwurfs

Gelegentlich treten bei verankerten Konstruktionen Probleme auf, deren Entstehung bereits im Entwurf vorgezeichnet war. Deshalb müssen bei der Konzeption von Ankerkonstruktionen folgende Gesichtspunkte beachtet werden:

a) Die Anordnung der Verpreßkörper muß eine optimale Ausnützung der Tragfähigkeit des einzelnen Verpreßkörpers erlauben.
b) Die Lage der Verpreßkörper muß so gewählt werden, daß Verformungen des Bodens im Verankerungsbereich und damit Beanspruchungen benachbarter Bauwerke minimiert werden.
c) Durch die Herstellung der Anker dürfen keine unkalkulierbaren Lastzustände im Gebirge und als Reaktion darauf unter Umständen unkalkulierbare Lastzustände für das verankerte Bauwerk selbst entstehen.
d) Das zu verankernde Bauwerk muß die Ankerkräfte (d. h. auch die Prüfkräfte) ohne Schäden oder unzulässige Verformungen aufnehmen können.

Hinsichtlich der freien Stahllänge und der Anordnung und Lage der Verpreßkörper stehen eine Reihe von allgemeinen Entwurfsregeln zur Verfügung. Auch in manchen Zulassungs-

bescheiden sind Vorgaben gemacht. Aufgrund theoretischer Untersuchungen und Baustellen-
erfahrungen sollten folgende Werte eingehalten werden:

- minimale freie Stahllänge: $l_{fS} \geq 5$ m
- gegenseitiger Abstand der Verpreßkörper: $a \geq 1,5$ m
- minimaler Abstand der Verpreßkörper zu benachbarten Gebäudeteilen: $a \geq 3,0$ m
- minimaler Abstand der Verpreßkörper zur Geländeoberfläche: $a \geq 4,0$ m

Zur Vermeidung von örtlichen Spannungskonzentrationen und damit Verformungen im
Verankerungsbereich empfiehlt es sich, die Verpreßkörper der Anker zu staffeln und zu sprei-
zen, wenn die Ankerabstände so gering sind, daß ein gegenseitiger Abstand von mindestens
1,5 m zwischen den Verpreßkörpern nicht sicher eingehalten werden kann. Dabei ist zu berücksichtigen, daß insbesondere bei langen Ankern ($l > 20$ m) wegen der unvermeidbaren
Bohrungenauigkeiten die Abstände eher etwas größer sein sollten.

Der Nachweis der Standsicherheit des Gesamtsystems für eine verankerte Stützwand erfolgt
durch den Nachweis der Standsicherheit in der tiefen Gleitfuge und den Nachweis der
Böschungsbruchsicherheit. Die Nachweise werden heute üblicherweise unter Verwendung

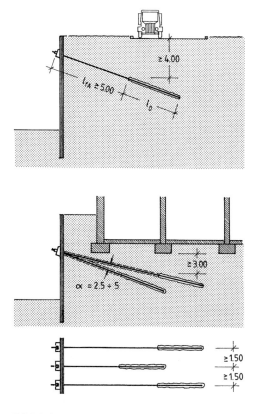

Bild 8-3 Anordnung von Verpreßkörpern

von Rechenprogrammen geführt. Anwender dieser Programme sollten immer überprüfen, ob
die vorgegebenen Lastansätze und Bruchmechanismen im konkreten Fall zutreffen.

8.2.1   Schäden durch ungenügende Berücksichtigung des Schichtaufbaus

Der Verpreßkörper eines Ankers sollte nicht in Schichten stark unterschiedlicher Festigkeit
und Verformbarkeit liegen. Andernfalls trägt zunächst derjenige Teil des Verpreßkörpers, der
im steiferen Boden liegt, während der Abschnitt im weicheren Boden nur unwesentlich an der
Kraftübertragung beteiligt ist (Bild 8-4). Bei Erreichen der Grenzmantelreibung im steiferen
Boden tritt dann ein plötzliches Versagen des Ankers ein. Bei Verbundankern mit stark unterschiedlicher Kraftabtragung und luftseitiger Lage der weniger tragfähigen Schichten können
zudem am Beginn der Verpreßkörper relativ große Rißbreiten im Zementstein auftreten.

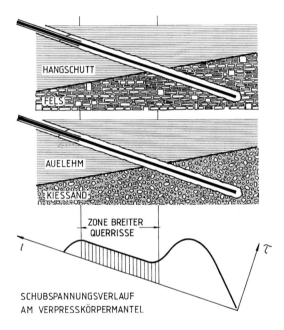

Bild 8-4 Mantelreibung bei einem Verpreßkörper in zwei unterschiedlichen Bodenschichten

In den gebräuchlichen Rechenprogrammen wird für den Nachweis in der tiefen Gleitfuge die
Bruchfigur zwischen Mitte Verpreßkörper und Wandfußpunkt durch eine Gerade idealisiert.
Dadurch können sich in geschichtetem Baugrund mit stark differierenden Scherfestigkeiten
rechnerisch zu hohe Sicherheiten ergeben (Bild 8-5).

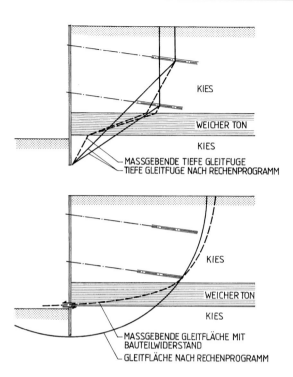

Bild 8-5   Einfluß von Schichten geringer Scherfestigkeit auf den Nachweis der
Standsicherheit in der tiefen Gleitfuge und den Geländebruchnachweis

8.2.2   Fehlender Ansatz des Wasserdrucks

Wenn die äußeren Bedingungen im Baustellenbereich es zulassen, werden Baugrubenum-
schließungen häufig ohne Ansatz von Wasserdruck bemessen, obwohl im Umfeld das Grundwasser höher als die Baugrubensohle steht oder Schichtwasser vorhanden ist. Man vertraut
darauf, daß sich durch einen durchlässigen Verbau oder durch den Einbau von Dränmatten der
Wasserspiegel unter die maßgebende tiefe Gleitfuge absenkt. In wenig durchlässigen Böden
stellt sich jedoch eine sehr steile Absenkkurve ein, so daß der Wasserdruck zwar meist für die
Bemessung der Wand selbst vernachlässigt werden kann, für den Nachweis der Standsicherheit in der tiefen Gleitfuge bzw. den Nachweis der Geländebruchsicherheit aber zumindest
teilweise angesetzt werden müßte. Durch die Ankerbohrungen kann es vorkommen, daß der
Bereich bergseits der Baugrubenwand zusätzlich bewässert wird.

Bei Hang- und Böschungssicherungen mit Verpreßankern müssen auf Grund der teilweise
hohen aufzunehmenden Kräfte die Verpreßkörper der Anker sehr eng gesetzt werden. Zudem
erfaßt die Verankerungszone flächenhaft große Gebirgsbereiche. Durch die flächenhafte Injektion des Gebirges im Bereich der Verpreßkörper kann die Wasserwegigkeit eingeschränkt
werden. Selbst dann, wenn lediglich Schichtwasser auftritt, können sich unkontrollierte und
hohe Wasserdrücke aufbauen.

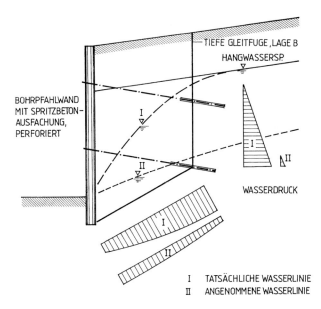

Bild 8-6 Wasserdruck in wenig durchlässigen Böden

8.2.3   Zu schwache Dimensionierung der Kopfauflager

Über die Ankerplatte werden teilweise sehr hohe Kräfte konzentriert in die Unterkonstruktion eingeleitet. Die Unterkonstruktion muß entsprechend dimensioniert werden, und zwar sowohl für die rechnerischen Gebrauchslasten als auch für die Prüflasten. Häufig auftretende Mängel sind:

– falsche Anordnung oder Fehlen der Bewehrung zur Aufnahme der Ringzugspannungen unter der Ankerplatte
– fehlender Nachweis bzw. ungenügende Sicherung zur Aufnahme der Scherkräfte unter der Ankerplatte bei schrägem Kraftangriff
– ungenügende Durchstanzsicherheit insbesondere bei Unterkonstruktionen geringer Stärke (Stahlbetonplatten, Spritzbeton)
– Überschätzung der von Felsoberflächen aufnehmbaren Druckspannungen
– Verformungen der Auflagerkonstruktion bei Stahlspundwänden und Gurtungen sowie die damit verbundenen Zusatzbeanspruchungen der Ankerkonstruktion

Eine fehlerhafte Ausbildung der Auflagerkonstruktion muß nicht sofort durch Brüche oder Risse sichtbar werden. Die damit verbundenen Verformungen führen zu unplanmäßigen Exzentrizitäten und Verdrehungen des Ankerkopfes und in der Folge zu Zusatzbeanspruchungen des Ankerstahls in Form von Biegemomenten und Scherkräften. Die Gefahr von Spannungsrißkorrosion wird erhöht. Daneben kann der Korrosionsschutz im Kopfbereich beschädigt werden (z. B. durch Abreißen des Überschubrohres).

8.3   Schäden durch schlecht geplanten Bauablauf

Die maßgebenden Gebrauchskräfte bei einer verankerten Konstruktion gelten für einen ganz bestimmten Last- bzw. Bauzustand, meist den Endzustand. In der Regel werden die Prüfung und das Spannen des Ankers direkt nach der Aushärtung des Verpreßmörtels vorgenommen. Dies ist jedoch dann nicht möglich, wenn die Reaktionskräfte, die durch das Spannen der Anker entstehen, noch nicht aufgenommen werden können oder das Spannen zu hohen Verformungen führen würde. Beispiele hierfür sind verankerte Fundamente von Seilabspannungen (oft Begrenzung der Bodenpressungen, Horizontalkräfte), hinterfüllte Kaimauern oder aufgeständerte Stützmauern. Die erforderliche Ankerkraft resultiert bei diesen Bauwerken oft allein aus dem Erddruck der Hinterfüllung, die folgerichtig schrittweise mit dem Vorspannen der Anker eingebracht werden müßte (was in der Praxis selten geschieht). Deshalb müssen alle Zwischenbauzustände untersucht und ein entsprechendes Spannprogramm ausgearbeitet werden. Es muß außerdem festgelegt werden, unter welchen Bedingungen und bei welchem Bauzustand die Anker geprüft werden können.

Der Einbau von Boden und dessen Verdichtung um Anker herum, deren freie Stahllänge teilweise in der Luft liegt, ist immer mit der Gefahr der Beschädigung des Korrosionsschutzes oder der Verbiegung der Anker verbunden.

Bei Ankern in hinterfüllten Stützmauern oder in geschütteten Dämmen muß, auch wenn sie nachträglich eingebaut wurden, mit Setzungen im und unter dem Schüttkörper gerechnet werden. In den Schüttkörper eingebettete (während des Schüttens eingelegte) Anker passen sich den Verformungen des umliegenden Erdreichs an. Die Verformungen sind unproblematisch, solange die Krümmungsradien im Stahlzugglied groß genug sind. Probleme können jedoch am Übergang vom mehr oder weniger unverschieblichen Bauteil zum Hinterfüllboden auftreten. Ein Beispiel ist in Bild 8-8 dargestellt. Hier wurden die Anker in eine fangedammartige Schüt-

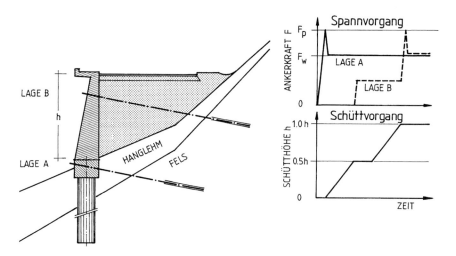

Bild 8-7 Spannvorgang bei einer verankerten, hinterfüllten Stützmauer

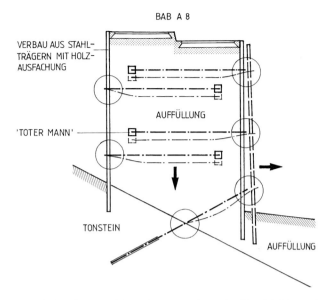

Bild 8-8 Biege- und Scherbeanspruchung im Bereich hinter dem Ankerkopf
bei Ankern in einem Fangedamm

tung eingebaut. Die Setzungen und Spreizungen des Dammes führten zu Verformungen der Ankerstähle. An den Übergangsbereichen zu den starren Auflagern in der Verbauwand führte dies bei einer Reihe von Ankern zum Bruch des Stahles durch Spannungsrißkorrosion.

8.4   Beschädigung von Ankern durch den Transport

Es kommt vor, daß der Korrosionsschutz von Ankern beim Transport vom Werk zur Baustelle beschädigt wird. Besonders gefährdet sind Daueranker mit im Werk hergestellten inneren Verpreßkörper. Die meisten Schäden entstehen durch Reibung an den Hüllrohren, z. B. wenn die Anker beim Transport über mehrere Eisenbahnwaggons hinweg gelegt oder auf Lastwagenpritschen nicht gut befestigt wurden. Man sollte hier immer einen Schutz durch Unterlegen von Strohmatten o. ä. vorsehen. Bei Litzenankern für vorübergehende Zwecke erfolgt die Anlieferung in der Regel in Bündeln, so daß die Gefahr einer Beschädigung beim Transport geringer ist.

Beschädigungen des Korrosionsschutzes müssen so sorgfältig repariert werden, daß nach der Reparatur die beschädigte Stelle im Korrosionsschutz den unbeschädigten Bereichen gleichwertig ist (z. B. mit Schrumpfschläuchen, Überschieberohren ö. ä.).

Nicht selten werden Anker auch auf dem Lagerplatz oder auf dem Transport von dort zur Einbaustelle beschädigt. Hier könnte nur eine bessere Unterweisung der Leute vor Ort Abhilfe schaffen.

Bild 8-9
Beispiel für einen unsachgemäßen Transport
vom Lagerplatz zur Einbaustelle

8.5   Beschädigung von Ankern bei der Lagerung und beim Einbau

Der Lagerung und dem fachgerechten Einbau von Ankern wird auf den Baustellen oft nicht genügend Aufmerksamkeit gewidmet. Häufig zu beobachtende Fehler sind:

–   Auslaufen der Korrosionsschutzpaste während der Zwischenlagerung auf der Baustelle bei hohen Temperaturen (Abhilfe: Abdichten und Hochlegen des spannseitigen Ankerendes sowie Abdecken des Zwischenlagers).

–   Verschmutzung der Rillen des gerippten Kunststoffrohres während der Lagerung bzw. des Transports vom Zwischenlager zur Einbaustelle (Abhilfe: sorgfältiges Säubern des gerippten Rohres an der Einbaustelle).

–   Beschädigung der Kunststoffteile und des inneren Verpreßkörpers durch unsachgemäßes Anschlagen des Ankerkörpers an ein Hebezeug (Abhilfe: Anschlagen nur am spannseitigen Ende des Ankers, Verwenden von Textiltragebändern, Einbau mittels einer Traverse aus U-Stahl).

–   Beschädigung der Kunststoffteile beim Einführen des Ankers in die Verrohrung (Abhilfe: Aufsetzen einer Trompete oder eines Kunststoffringes auf das scharfkantige Ende der Verrohrung).

– Einbringen von Einstabankern in das Bohrloch unter Zuhilfenahme des Schlaghammers des Bohrgerätes, wenn sie nicht von Hand eingeschoben werden können (Abhilfe: größeren Bohrdurchmesser wählen, Verrohrung vor dem Ankereinbau von Bohrgut säubern).

Bei Temporärankern, die im Lockergestein gegen drückendes Grundwasser hergestellt werden, kann es vorkommen, daß nach dem Abstoßen der verlorenen Bohrkrone Boden (Sand) in das Bohrloch eindringt und dadurch das untere Ende der Litzen nach dem Verpressen außerhalb des Verpreßkörpers liegt. Das Wasser kann dann in den Zwickeln zwischen den Einzeldrähten durch den Verpreßkörper wandern und am Bohrlochkopf austreten. Nachträglich ist eine Abdichtung dann nicht mehr möglich.

8.6   Beschädigung eingebauter Anker durch den Baubetrieb

Nicht selten werden eingebaute Anker durch den Baubetrieb beschädigt. Vor allem Einstabanker, die z. B. verbogen wurden, sind dann nur mit viel Aufwand und Kosten zu reparieren. Sie müssen hinter der Biegestelle abgeschnitten und fachgerecht aufgemufft werden. Dazu muß nicht selten der Boden oder Fels hinter dem Auflager ausgehoben werden. Um Beschädigungen zu vermeiden und den Arbeitsraum hindernisfrei zu halten, werden Anker andererseits häufig sofort nach dem Festlegen sehr kurz abgeschnitten. Dadurch verliert man die Möglich-

Bild 8-10   Durch den Baubetrieb verbogene Anker

keit, z. B. durch Abhebeversuche zu einem späteren Zeitpunkt die Ankerkräfte zu überprüfen. Bei Baugrubenwänden werden zum Schutz der Ankerköpfe bzw. der Überstände deshalb mitunter Stahlbügel über den Köpfen angeordnet.

8.7   Schäden an Ankern durch aggressive Inhaltsstoffe in Grundwasser und Boden

Im allgemeinen sind Anker im Boden gut geschützt. Durch aggressive Inhaltsstoffe im Grundwasser, insbesondere Sulfationen und kalklösende Kohlensäure, können jedoch die Verpreßkörper angegriffen werden. Die Oberflächen der Verpreßkörper verlieren dadurch ihre Festigkeit, und die aufnehmbare Mantelreibung kann verringert werden. Die Intensität des Angriffs hängt von der Konzentration der Inhaltsstoffe und der Möglichkeit des Antransports, d. h. von der Durchlässigkeit des Gebirges und der Fließgeschwindigkeit des Grundwassers, ab. Auch ein Angriff auf den Ankerstahl ist möglich. Zwar sind die Zugglieder einwandfrei hergestellter Anker und Nägel durch den Korrosionsschutz dem Angriff des Grundwassers entzogen. Bei einer Beschädigung der Hüllrohre oder Kopfteile (z. B. beim Einbau) kann dennoch stahlaggressives Wasser an das Stahlzugglied kommen. Bei Daueranker bleibt dann nur die Herstellung eines Ersatzankers, denn eine nachträgliche Reparatur des Korrosionsschutzes ist nicht möglich. Bei Temporärankern kann unter Umständen (in Abhängigkeit vom Angriffsgrad, der Art der Konstruktion, der voraussichtlichen Einsatzdauer und dem Ankertyp) auf die Herstellung eines Ersatzankers verzichtet werden.

Die Beurteilung der Korrosionswahrscheinlichkeit nach DIN 50 929 Teil 3 erfordert die Kenntnis der Tabellen 6 und 7 der DIN 50 929 Teil 3/09.85 und die Beurteilung des Angriffsgrades des Grundwassers die Kenntnis der Tabelle 4 der DIN 4030 Teil 1. Die betreffenden Normenauszüge und eine Anleitung zur Ermittlung der Kenngrößen sind im Anhang 3 und Anhang 4 beigefügt.

Den Verfassern ist in der Vergangenheit kein Fall bekannt geworden, in dem Anker nachweislich infolge einer Schädigung des Verpreßkörpers durch aggressives Grundwasser versagt hätten. In der Praxis ist die Frage des Einsatzes von Ankern bei aggressiven Umgebungsbedingungen aber von großer Bedeutung, und letztlich haben die meisten bisher eingebauten Daueranker ihre erwartete „Lebenszeit" zum größten Teil noch vor sich.

In Abschnitt 5.1.3 der DIN 4125 werden zum Einsatz von Ankern in aggressivem Baugrund Angaben gemacht. Es heißt dort:

5.1.3 Aggressiver Baugrund
Daueranker, bei denen tragende Stahlteile nur durch Zementstein gegen Korrosion geschützt sind, und Kurzzeitanker dürfen nicht eingebaut werden, wenn der Baugrund Grundwasser oder Sickerwasser aus Halden und/oder Aufschüttungen enthält, das eine hohe Korrosionswahrscheinlichkeit für Mulden- und Lochkorrosion von Stahl nach DIN 50929 Teil 3/09.85, Tabelle 7, mit $w_0 < -8$ erwarten läßt. Kurzzeit- und Daueranker dürfen in der Regel auch dann nicht eingebaut werden,

wenn der Baugrund und/oder das Wasser im Bereich der Krafteinleitungslänge nach DIN 4030 stark angreifend gegenüber Beton sind. Bei schwachem Angriffsgrad dürfen Daueranker im Boden in der Regel ebenfalls nicht eingebaut werden. Ist für die Einstufung des Angriffsgrads nur der Sulfatgehalt ausschlaggebend, so dürfen Kurzzeitanker, bei schwachem Angriffsgrad auch Daueranker, jedoch dann eingebaut werden, wenn für die Herstellung des Verpreßkörpers ein Zement mit hohem Sulfatwiderstand verwendet wird.

Kurzzeitanker im Fels dürfen auch bei starkem Angriffsgrad verwendet werden. Ist für die Einstufung als stark angreifend der Sulfatgehalt ausschlaggebend, so ist zur Herstellung des Verpreßkörpers ein Zement mit hohem Sulfatwiderstand zu verwenden.

Daueranker im Fels dürfen nur dann bei starkem Angriffsgrad eingebaut werden, wenn durch geeignete Sondermaßnahmen die Tragfähigkeit der Anker auf Dauer sichergestellt ist, z. B. Bohrlochvergütung durch Einpressen nach DIN 4093, um aggressives Wasser vom Verpreßkörper fernzuhalten.

In den Erläuterungen zum Abschnitt 5.1.3 der DIN 4125 wird gesagt:

Im Baugrund und/oder im Grundwasser, die stark angreifend nach DIN 4030 sind, besteht die Gefahr, daß das Tragverhalten durch zeitabhängige Verminderung der Mantelreibung beeinträchtigt wird. Bei derartigen Beanspruchungsverhältnissen darf geankert werden, wenn durch ein Gutachten eines Sachverständigen nachgewiesen wird, daß die vorhandene Aggressivität das Tragverhalten während der vorgesehenen Einsatzdauer nicht unzulässig verändert.
Bei Felsankern kann die Mantelreibung im allgemeinen nur örtlich begrenzt durch Zutritt aggressiven Bergwassers in den Klüften vermindert werden.

Die in den Erläuterungen gemachte Konzession, daß bei stark angreifendem Grundwasser nach DIN 4030 auch im Lockergestein geankert werden darf, wenn ein entsprechendes Gutachten eines Sachverständigen vorliegt, ist unbefriedigend. Ein solches Gutachten ist beim derzeitigen Stand der Kenntnis von vielen Sachverständigen nur ungenügend zu fundieren. Bei sehr großer Überschreitung der Grenzwerte für starken Angriff nach DIN 4030 sollte man sich an den klaren Aussagen des Normtextes orientieren. Bei Überschreitung der Grenzwerte für sehr starken Angriff (Spalte 4 der Tabelle 4) dürfen Verpreßanker nicht eingebaut werden.

In der Praxis ist häufig zu beurteilen, ob Anker bei nur geringer Überschreitung der Grenzwerte für starken Angriff eingebaut werden dürfen. Dazu ist zu sagen, daß eine realistische Einschätzung des Angriffsgrades kaum auf der Basis nur einer einzigen Wasseranalyse möglich ist. Es sollten immer Analysen aus mehreren Entnahmestellen zur Beurteilung vorliegen. In Anbetracht der Bedeutung der Entscheidung Anker oder keine Anker für die Kosten eines Bauvorhabens wird oft an dieser Stelle zu Unrecht gespart. Zudem muß man bei der Beurteilung bedenken, daß die Ergebnisse von Wasseranalysen einen Vertrauensbereich besitzen und besonders bei Erreichen der Grenzwerte der Tabelle 4 die Genauigkeit der Untersuchungsmethoden kritisch bewertet werden muß. Im Einzelfall muß man deshalb genau abwägen, ob ein Ankereinbau zu verantworten ist, und welche Maßnahmen ggfs. zusätzlich ergriffen werden müssen, um dies vertreten zu können.

8.7.1   Maßnahmen bei hohem Sulfatgehalt

In allen Gebirgsarten, in denen Gips oder Anhydrit anzutreffen ist, ist das Bergwasser oft stark sulfathaltig. Gips- und Anhydrit findet man regelmäßig in den geologischen Formationen des Zechsteins, der Trias, im Jura und Tertiär. Magnesiumsulfat und Natriumsulfat sind häufig in der Nähe von Salzlagerstätten zu finden. Wenn sulfathaltige Wässer mit dem Verpreßkörper in Kontakt kommen, bildet sich durch Reaktion des Sulfates mit dem Tricalciumaluminathydrat des Zementsteines Ettringit [21]. Es kommt zum sog. Sulfattreiben. Dabei läuft folgende Reaktion ab:

$$SO_4^{2-} + Ca^{2+} + 2\ H_2O \rightarrow CaSO_4 \cdot 2\ H_2O$$
$$\downarrow$$
$$3\ CaO \cdot Al_2O_3 + 3\ (CaSO_4 \cdot 2\ H_2O) + 26\ H_2O \rightarrow 3\ CaO \cdot Al_2O_3 \cdot 3\ CaSO_4 \cdot 32\ H_2O$$

Ettringit bildet nadelförmige Kristalle und hat wegen des hohen Kristallwasseranteils ein achtfach größeres Volumen als das Tricalciumaluminat. Die Oberfläche des Verpreßkörpers wird durch die Ettringitbildung weich und verliert die Fähigkeit, Schubspannungen zu übertragen.

Bei hohem Sulfatgehalt des Grundwassers ist, wie im Massivbau für den Beton, für die Herstellung des Verpreßkörpers ein Zement mit hohem Sulfatwiderstand zu verwenden. Zemente mit hohem Sulfatwiderstand (Kurzbezeichnung HS) sind in DIN 1164-1 (Ausg. Oktober 1994) definiert. Dort heißt es:

6.6   Sulfatwiderstand
         Als Zement mit hohem Sulfatwiderstand gelten 6.6.1 und 6.6.2.
6.6.1   Portlandzement CEM I mit einem rechnerischen Gehalt an Tricalciumaluminat C_3A[11] von höchstens 3 % und mit einem Gehalt an Aluminiumoxid Al_2O_3 von höchstens 5 %.
6.6.2   Hochofenzement CEM III/B

[11]   Der Gehalt an Tricalciumaluminat wird als Massenanteil in % aus der chemischen Analyse nach der Gleichung
        $C_3A = 2,65 \cdot Al_2O_3 - 1,69 \cdot Fe_2O_3$
        errechnet.

Neben der Verwendung eines HS-Zements sollte der Wasser-Zementwert möglichst niedrig gewählt werden, um einen Zementstein mit geringem Porenvolumen zu erhalten. Je geringer die Durchlässigkeit des Gebirges ist, desto weniger können Sulfationen mit dem Verpreßkörper in Berührung kommen. Wenn der Boden oder Fels es erlauben, kann man vor der Herstellung des Ankers die Umgebung der Verpreßstrecke unter höherem Druck und mit dünnflüssiger Suspension verpressen. Dadurch werden im Fels z. B. die Klüfte verschlossen, und ein Sulfatangriff findet nur lokal und entfernt vom Verpreßkörper statt (Bild 8-11).

Eine weitere Möglichkeit, Anker auch in stärker sulfathaltigen Wässern herzustellen, besteht darin, anstelle von Zementmörtel einen Kunstharzmörtel zur Herstellung des äußeren

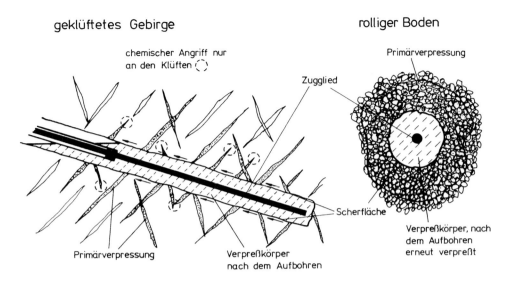

Bild 8-11   Vorverpressung des Gebirges um einen Verpreßkörper

Verpreßkörpers zu verwenden. Da in den Zulassungsbescheiden für Daueranker diese technische Variante nicht vorgesehen ist, müssen aber alle am Bau Beteiligten zustimmen. Außerdem muß die technische Ausführbarkeit in den vorhandenen Bodenverhältnissen vorher erprobt werden.

8.7.2   Maßnahmen bei hohem Gehalt an kalklösender Kohlensäure

Kalklösende Kohlensäure im Grundwasser ist für die Dauerhaftigkeit von Verankerungen wesentlich unangenehmer als der Sulfatangriff. Es gibt keinen Zement, mit dem man etwa dem Angriff des CO_2 begegnen könnte, denn alle Zemente enthalten Kalk. Lösend auf den Zementstein (und auch auf eventuellen kalkhaltigen Zuschlag im Verpreßkörper) wirkt nur der sog. „kalklösende" Anteil der freien Kohlensäure. Die sog. „zugehörige" Kohlensäure wird zur Aufrechterhaltung des Kalk-Kohlensäure-Gleichgewichts benötigt und schädigt den Verpreßkörper nicht [21]. Kalklösende Kohlensäure tritt vor allem in sehr weichen Wässern auf. Unter ihrem Einfluß bildet sich zunächst Calciumcarbonat (schwer löslich), das sich bei weiterer Säureeinwirkung in Calciumhydrogencarbonat (leicht löslich) umwandelt:

$$Ca(OH)_2 + CO_2 \qquad \rightarrow \qquad CaCO_3 + H_2O$$

$$CaCO_3 + CO_2 + H_2O \qquad \rightarrow \qquad Ca(HCO_3)_2$$

Der Zementstein wird durch die Einwirkung der kalklösenden Kohlensäure nicht vollständig gelöst. Es bleibt ein Silicatgel zurück, das als Schutz gegen weitere Angriffe wirkt und den

Zutritt weiterer Säure mit wachsender Dicke zunehmend behindert. Grundsätzlich sind deshalb, wie beim Sulfatangriff, alle Maßnahmen zur Verringerung der Durchlässigkeit des Gebirges um den Verpreßkörper geeignet, den Angriff zu verringern. Möglichst dichter Zementstein behindert den Angriff ebenfalls. In gut durchlässigen Böden mit strömendem Grundwasser ist die Einwirkung der kalklösenden Kohlensäure auf den Verpreßkörper aber immer ein Grund, keine Daueranker einzubauen.

Neben der Kohlensäure können auch andere Säuren bzw. saure Wässer den Verpreßkörper angreifen. Schwache Konzentrationen organischer Säuren, z. B. von Milchsäure oder Huminsäure, greifen den Zementstein kaum an. Sie bilden nur mit wenigen Calciumverbindungen wasserlösliche Salze [21]. Starke Säuren wie Salzsäure, Salpetersäure oder Schwefelsäure stellen dann eine Gefahr für den Verpreßkörper dar, wenn der pH-Wert kleiner als 6 ist. Mit ihrem Auftreten muß man gelegentlich in Gebieten rechnen, in denen in der Vergangenheit z. B. chemische Industrie angesiedelt war.

8.7.3   Maßnahmen bei hohem Ammoniumgehalt oder Magnesiumgehalt

Im Grundwasser gelöste Ammoniumsalze reagieren mit dem Calciumhydroxid des Zementsteins. Dabei tritt durch die Bildung des sehr leicht löslichen Calciumchlorids ein Festigkeitsverlust ein:

$$2\,NH_4Cl + Ca(OH)_2 \rightarrow CaCl_2 + 2\,NH_3 + 2\,H_2O$$

Für die Herstellung des Verpreßkörpers sollte bei erhöhtem Ammoniumgehalt ein Hochofenzement eingesetzt werden. In [22] werden Versuche angeführt, nach denen Hochofenzement auch eine deutliche Unempfindlichkeit gegen Ammoniumsalze bis zu einer Konzentration von 120 mg/l NH_4^+ zeigt.

Magnesiumchlorid kann ebenfalls zur Schädigung des Verpreßkörpers führen, weil es mit dem Calciumhydroxid reagiert. Auch bei dieser Reaktion wird leicht lösliches Calciumchlorid gebildet:

$$MgCl_2 + Ca(OH)_2 \rightarrow Mg(OH)_2 + CaCl_2$$

Auch für den Angriff durch Ammonium- oder Magnesiumsalze gilt, daß eine Minderung des ermittelten Angriffsgrades dann möglich sein kann, wenn eine geringe Durchlässigkeit des Bodens ein schnelles Erneuern der angreifenden Bestandteile erschwert. DIN 4030 nennt dafür den Durchlässigkeitsbeiwert $k < 10^{-5}$ m/s. Untersuchungen [23] haben gezeigt, dass bereits bei einem Durchlässigkeitsbeiwert von $k = 10^{-4}$ m/s mit einer Minderung des chemischen Angriffs zu rechnen ist. In [23] wird ausgeführt, daß die Festlegungen der DIN 4030 offenbar auf der sicheren Seite liegen und es daher im Einzelfall vertretbar sein kann, den Angriffsgrad um eine Stufe zu mindern, wenn der Durchlässigkeitsbeiwert k des Bodens deutlich geringer als 10^{-4} m/s ist. In jedem Falle muß dies aber unter Berücksichtigung sämtlicher Randbedingungen entschieden werden.

8.8   Schäden durch nicht fachgerechte Herstellung der Anker

Schäden durch nicht fachgerechte Herstellung der Anker sind zwar nicht häufig, doch kommen sie in der Praxis natürlich gelegentlich vor. Am häufigsten findet man:

– Beschädigung des Korrosionsschutzes beim Einbau
– ungenügende Begrenzung des Verpreßkörpers
– Geländesenkungen über den Ankern durch Bodenumlagerung
– Undichtigkeiten und Bodenaustrag bei der Herstellung gegen drückendes Grundwasser
– schlechte Tragfähigkeit durch fehlende oder zu weit auseinanderliegende
  Abstandhalter
– Bodenbewegungen durch zu hohe Verpreßdrücke

Derzeit gibt es Bestrebungen, auch den Einbau von Verpreßankern bauaufsichtlich stärker zu regeln. Dazu sollen Überwachungsstellen die Einhaltung der Bestimmungen der Zulassungsbescheide überprüfen und dokumentieren.

8.8.1   Beschädigung des Korrosionsschutzes beim Einbau

Anfällig für Fehlstellen im Korrosionsschutz ist insbesondere der Kopfbereich von Dauerankern. Praktisch alle Brüche von Stahlzuggliedern infolge Korrosion, mit denen die Verfasser in ihrer Praxis befaßt waren, ereigneten sich in diesem Bereich der Anker und waren auf unsachgemäße Ausführung des Korrosionsschutzes zurückzuführen. Der Korrosionsschutz im Kopfbereich wird erst auf der Baustelle und unter erschwerten Bedingungen montiert. Meist liegen die eigentlichen Versagensursachen bereits in Fehlern beim Einbau der Anker. Typische Beispiele für solche Fehler sind die exzentrische Lage des Ankerstahles in der Kernbohrung durch Pfahlwände oder Schlitzwände, zu tiefer Einbau des Ankerstahles (keine Überdeckung von glattem Kunststoffhüllrohr und Überschubrohr) oder in die Kernbohrung eingemörtelte Ankerenden.

8.8.2   Ungenügende Begrenzung des Verpreßkörpers

Für den Nachweis der Standsicherheit in der tiefen Gleitfuge wird bei Baugruben in der Regel ein genau definierter Krafteinleitungsschwerpunkt (Mitte Verpreßkörper) angenommen. Dies setzt voraus, daß die planmäßige freie Stahllänge wenigstens im Rahmen der nach DIN 4125 erlaubten Toleranzen eingehalten wird. Bei zu großen Reibungsverlusten im Bereich der freien Stahllänge ist dies aber nicht mehr der Fall – der Krafteinleitungsschwerpunkt wandert zur Baugrube hin. Die Folge ist eine Verkleinerung des Bruchkörpers und damit eine Reduzierung der aufnehmbaren möglichen Ankerkraft. Die Reibungsverluste werden meist durch Eindringen von Suspension in den Ringraum zwischen glattem Hüllrohr und Stahlzugglied sowie nicht erfolgtem Freispülen der freien Ankerlänge verursacht. Besonders häufig tritt dieser Fehler bei Ankern auf, bei denen die Kunststoffhüllen auf die Einzellitzen aufgeschrumpft sind. Eine ungenügende Begrenzung des Verpreßkörpers muß nicht unbedingt die Standsicherheit gefährden. Sie kann jedoch die Ursache für größere Verformungen des Verbaus sein. Bei Dauerankern spielt dieses Problem aufgrund der Konstruktionsart in der Regel keine Rolle.

8.8.3   Undichtigkeiten und Bodenaustrag bei der Herstellung gegen drückendes Grundwasser

Bohrungen gegen drückendes Grundwasser sind aufwendig und kostenintensiv (siehe Abschnitt 3.1.3). Trotz aller technischen Vorkehrungen besteht in nichtbindigen Böden, insbesondere in Sanden, immer ein Restrisiko, daß Boden unkontrolliert ausgetragen wird. Dabei wird durch Transportvorgänge, die ähnlich einem hydraulischen Grundbruch ablaufen, im Bereich der Bohrlochsohle Boden eingetragen werden. Durch die hohe Fließgeschwindigkeit in der Verrohrung wird er dann zum Bohrlochmund transportiert. Feinsande neigen besonders zum Bodeneintrieb. Die durch den Bodeneintrag verursachten Schäden können von mehr oder weniger starken Geländesetzungen bis zur katastrophalen Bildung von großen Hohlräumen oder gar Schloten bis zur Geländeoberfläche reichen. Zusätzlich zu den beschriebenen Schäden steigt der Zementverbrauch beim Einbau der Anker stark an.

Im Bereich des Durchganges durch die Baugrubenumschließung (Bohrpfahlwand, Schlitzwand, Spundwand) wird das glatte Hüllrohr üblicherweise durch einen Packer abgedichtet. Geringe Leckagen am Einzelanker können bei Temporärankern in der Regel in Kauf genommen werden, sofern sie nicht zu einer Überschreitung der insgesamt für die Baugrube zulässigen Pumpmenge führen.

8.8.4   Ankerversagen durch fehlende oder zu weit auseinanderliegende Abstandhalter

Die zentrische Lage des Stahlzuggliedes im Verpreßkörper ist nicht nur notwendig, um eine gleichmäßige Mindestüberdeckung gegen die Korrosionsgefahr sicherzustellen. Auch für die gute Belastbarkeit des Verpreßkörpers ist die zentrische Lage wichtig. Wenn keine Abstandhalter eingebaut werden oder die zentrische Lage des Stahles nicht durch andere Vorkehrungen erreicht wird (z. B. genügende Wanddicke des Anfängerrohres bei nicht bindigem Boden), liegt das Zugglied an der Bohrlochwand an (Bild 8-12). Bei Belastung sprengt es den Verpreßkörper, und der Anker versagt. Bei Einstabankern im Fels tritt das Versagen dann meist schlagartig ein, nachdem zunächst ein normales Tragverhalten beobachtet wurde. Wenn bei Litzenankern die Abstandhalter zu weit auseinander liegen, berühren die Litzen dazwischen die Bohrlochwand. Bei Belastung tritt dann ein Reißverschlußeffekt ein, und der Verpreßkörper wird aufgerissen.

Bei Ankern im Sand unter dem Grundwasserspiegel kann trotz ausreichender Abstandhalter das Zugglied an die Bohrlochwand bzw. in den Boden geraten, wenn es beim Ziehen der Verrohrung mitgedreht wird. Die Abstandhalter werden dann unter dem Gewicht des Zugglieds in den Boden eingegraben und können ihre Aufgabe nicht mehr erfüllen.

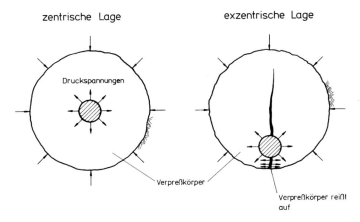

Bild 8-12   Verpreßkörperversagen durch nicht zentrische Lage des Zuggliedes

8.8.5   Schäden durch zu hohe Verpreßdrücke

Durch zu hohe Verpreßdrücke und insbesondere durch nicht fachgerechte Nachverpressung können die Spannungsverhältnisse im Gebirge drastisch verändert werden. Die richtigen Verpreßdrücke bei Ankern liegen deutlich unter den Drücken, die im Spannbetonbau üblich sind. Bei ungünstiger Beschaffenheit des Trennflächengefüges, insbesondere beim Vorhandensein einer Hangzerreißungsklüftung, genügen bereits geringe Drücke, um das Gebirge im Bereich der Verpreßstrecke zu cracken und zur Luftseite hin zu bewegen. Hangzerreißungsklüfte finden sich in nahezu jedem natürlichen Hang. Die Kräfte in bereits gespannten Ankern können durch das Aufweiten der Klüfte stark erhöht werden (Bild 8-13).

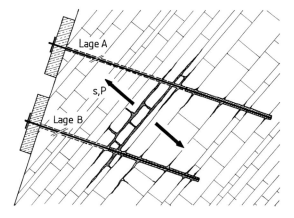

Bild 8-13   Gebirgsverformungen und Ankerkraftanstieg durch unsachgemäßes Verpressen

Bei zu hohen Verpreßdrücken oder ungewöhnlich hohen Verpreßmengen besteht immer die Gefahr, daß das Verpreßgut irgendwo Schaden anrichtet. Bereits geringe Mengen von Zement-suspension reichen z. B. in einem Bach aus, um die Fischpopulation zu töten, oder in einer Kläranlage die biologische Stufe zu schädigen. Jeder Spezialtiefbauer kennt Fälle, in denen durch Suspension unbeabsichtigt Keller oder Kanäle verfüllt wurden.

9 Beispiele für den Einsatz von Verpreßankern

9.1 Baugrubenwandverankerungen

9.1.1 Berliner Baugruben im Grundwasser

Für die zahlreichen Großbauten, die in Berlin seit der Vereinigung der deutschen Teilstaaten durchgeführt wurden, waren große und tiefe Trogbaugruben im Grundwasser zu errichten und gegen Auftrieb zu sichern. Darüber ist in der Fachpresse und auf Tagungen ausführlich berichtet worden; der Spezialtiefbau hat durch die dabei gewonnenen Erfahrungen einen großen Erkenntnisfortschritt erfahren. Ohne Verankerungen und Zugpfähle wären die Baugrubenarbeiten ungleich schwieriger zu bewältigen gewesen. Die Technik, sehr lange und hochbelastete Anker unter schwierigen räumlichen Verhältnissen zielgenau und tragfähig herzustellen, mußte zunächst entwickelt und vervollkommnet werden. Die besondere Eigenart des Berliner Baugrundes, nämlich hoher Grundwasserstand und das Anstehen sehr gleichkörniger kohäsionsloser Fein- und Mittelsande, machten die Umschließungs- und Verankerungsarbeiten zu äußerst anspruchsvollen Unternehmen, denn jede Leckage konnte zum Eindringen von Boden und Sand und in der Folge zu Havarien führen. Die Probleme, Verankerungen von einem Ansatzpunkt unterhalb des Grundwasserspiegels anzusetzen, führten gelegentlich zur Herstellung sehr langer und dicht benachbarter hochbelasteter Anker von einem Ansatzpunkt knapp oberhalb des Grundwasserspiegels unter Verzicht auf tiefere Ankerlagen. In vielen Baugruben wurde jedoch auch gegen das drückende Wasser gebohrt. Bild 9-1 zeigt als Beispiel einen Schnitt durch die Wand einer verankerten Baugrube nahe der Spree, Bild 9-2 eine Ansicht der Baugrube.

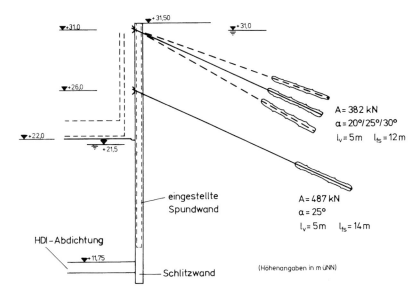

Bild 9-1 Schnitt durch eine Baugrubenwand, Verankerungen unterhalb des GW-Spiegels

Bild 9-2 Blick in eine Berliner Baugrube nahe der Spree

9.1.2   Bergseitige Baugrubensicherung für den Neubau der Landesbausparkasse in Stuttgart

Bei Gebäuden in steiler Hanglage mit tiefen Hanganschnitten ist es oft nicht möglich, die Horizontalkräfte aus dem Erddruck bzw. dem Hangschub über die Bauwerkskonstruktion auf die Baugrubensohle zu übertragen und dort durch Reibung aufzunehmen (Bild 9-3). Aus Platzgründen versucht man im innerstädtischen Bereich mitunter, die dann ohnehin erforderliche Verankerung für die Baugrubensicherung als Dauerverankerung in die bergseitige Gebäudeaußenwand zu integrieren.

Dabei muß jedoch berücksichtigt werden, daß die Verformungen der bergseitigen Baugrubensicherung („Hangsicherung") mit dem Erreichen der Aushubsohle meist noch nicht vollständig abgeschlossen sind und nach dem Errichten des Bauwerks zu unplanmäßigen Spannungen im Bauwerk selbst führen können. Ein kraftschlüssiger Verbund zwischen Bauwerk und Wand sollte deshalb erst dann erfolgen, wenn die Verformungen abgeschlossen sind. Es ist fast immer besser, die verankerte Baugrubenwand und das Bauwerk statisch völlig voneinander zu trennen. Ein Beispiel hierfür ist die bergseitige Baugrubensicherung für den Neubau der Landesbausparkasse (LBS) in Stuttgart. Die Sicherung erfolgte hier mit einer aufgelösten Bohrpfahlwand, die mit maximal 10 Lagen von Einstab-Dauerankern rückverhängt wurde. Pfahlwand und bergseitige Außenwand des Gebäudes sind durch einen befahrbaren Schlitz getrennt. Das Verformungverhalten der Wand und die Kraftentwicklung in den Ankern wurden während des

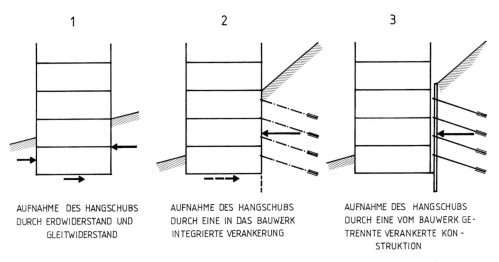

AUFNAHME DES HANGSCHUBS
DURCH ERDWIDERSTAND UND
GLEITWIDERSTAND

AUFNAHME DES HANGSCHUBS
DURCH EINE IN DAS BAUWERK
INTEGRIERTE VERANKERUNG

AUFNAHME DES HANGSCHUBS
DURCH EINE VOM BAUWERK GE-
TRENNTE VERANKERTE KON-
STRUKTION

Bild 9-3 Aufnahme der Erddruckkräfte bei einem Gebäude in Hanglage

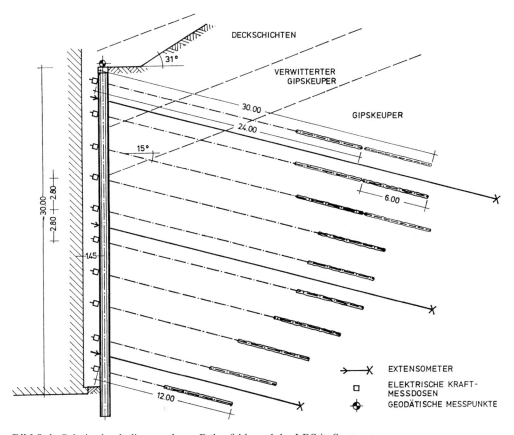

Bild 9-4 Schnitt durch die verankerte Bohrpfahlwand der LBS in Stuttgart

Bild 9-5
Baugrube der LBS in Stuttgart. Sicherung mit
verankerter Bohrpfahlwand

Aushubs und dann noch über ca. 5 Jahre nach der Fertigstellung des Neubaus durch Messungen (Kraftmeßdosen, Extensometer, geodätische Messungen) überwacht.

9.2   Verankerte Stütz- und Futtermauern

9.2.1   Stützmauer Rötteln

Im Zuge des Neubaus der BAB A 98 nördlich von Lörrach wurde die Sicherung eines ca. 300 m langen und bis zu 25 m hohen Hanganschnittes erforderlich. Zur Ausführung kam eine verankerte Elementwand aus Stahlbeton, bei der maximal fünf fahrbahnparallele Einzellamellen von jeweils 4,5 m Höhe mit 2 oder drei Lagen von Ankern rückverankert wurden. Zwischen den Lamellen verblieben jeweils 2,0 m breite Bermen, die später begrünt werden sollten. Die Verankerung bestand aus ca. 1000 Ankern (Einstabanker Ø 32 mm, Längen zwischen 9 und 37 m). Noch vor Abschluß der Bauarbeiten traten Verschiebungen der Stützwand und eine starke Zunahme der Ankerkräfte ein. Bei einzelnen Ankern lag die Kraft nur noch wenig unterhalb der Kraft an der Fließgrenze.

Die Bewegungen und Ankerkraftzunahmen wurden verursacht durch die Annahme einer wasserdurchlässigen Wand (siehe Abschnitt 8.2.2) und unkontrolliertes Verpressen von großen Mengen Zementsuspension bei der Ankerherstellung mit hohen Verpreßdrücken (siehe Abschnitt 8.8.5).

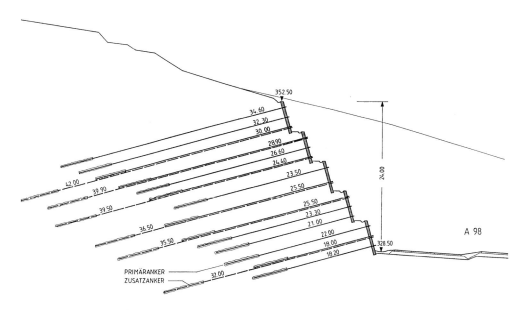

Bild 9-6 Querschnitt der Stützmauer

Zur Sicherung wurden zunächst ca. 250 Zusatzanker gesetzt mit dem Ergebnis, daß sich die Verformungen der Wand noch beschleunigten. Die endgültige Sicherung erfolgte dann durch den Einbau einer aufwendigen Tiefendränage bergseits der Verpreßkörper und die Nachregulierung der Ankerkräfte. Einzelheiten der Sicherung sind in [24] beschrieben.

9.2.2 Futtermauern an der BAB A 7 bei Aalen

Im Zuge des Neubaus der Bundesautobahn A 7 (Würzburg-Ulm) wurde bei der Überwindung des Albtraufs bei Aalen die Sicherung der Felsoberflächen eines maximal ca. 60 m tiefen Einschnittes im Weißjura erforderlich. Die Gesamtböschung wurde in Einzelböschungen von 11 m Höhe und einer Neigung von 79° aufgeteilt. Dazwischen wurden Bermen von 5 m Breite angelegt. Verwitterungsgefährdete Bereiche des Einschnittes wurden mit Futtermauern aus einem begrünbaren Fertigteilsystem, bestehend aus vertikalen Lisenen und horizontalen Pflanzträgern, verkleidet. Die Lisenen wurden mit 8,5 m langen Druckrohrankern fixiert (Bild 9-9).

Während der Abtragsarbeiten ergaben sich wegen einer ungünstig verlaufenden Hangzerreißungsklüftung Probleme mit der Gesamtstandsicherheit der Einschnittböschungen. Um die Standsicherheit zu gewährleisten, wurden insgesamt ca. 2500 Daueranker zwischen den Lisenen eingebaut. Die Anker haben Längen bis 30 m und Ankerkräfte bis 1250 kN. Die Maßnahme ist im Detail in [25] und [26] beschrieben. Bild 9-10 zeigt den Einbau der rückverankerten Lisenen, Bild 9-11 eine Serie der Zusatzanker vor dem Bau der Futtermauer. In Bild 9-12 ist eine Gesamtansicht des Einschnittes während des Baus dargestellt.

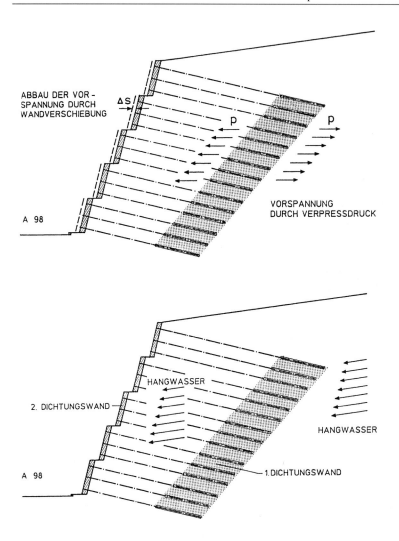

Bild 9-7 Einfluß des Hangwassers und der Verpreßmengen auf die Horizontalverschiebungen
der Stützmauer

Bild 9-8 Ansicht der Stützmauer mit Zusatzankern

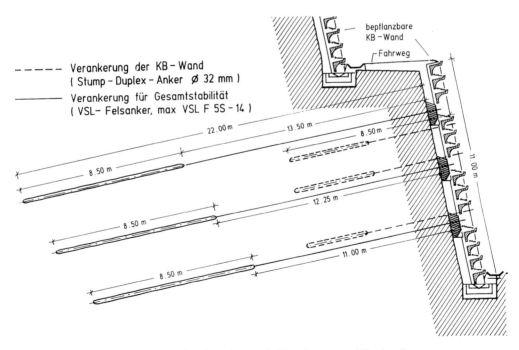

Bild 9-9 Querschnitt durch eine Einzelböschung mit Verankerung und Fertigteilsystem

Bild 9-10   Fertigteilsystem mit Rückverankerung

Bild 9-11
Daueranker zur Gewährleistung der
Gesamtstandsicherheit

Bild 9-12
Gesamtansicht des Einschnittes während
der Bauarbeiten

9.3   Verankerungen von Hängen und Böschungen

9.3.1   Hangsicherung Zaisersweiher

Eine Mülldeponie nutzt das ausgebaggerte Volumen der an einem Hang gelegenen Rohstoff-
grube einer Ziegelei. Um möglichst viel Deponieraum zu erhalten, sollte die ca. 40 m hohe
hangseitige Böschung der Grube möglichst steil ausgebildet werden. Da im Verlauf des Ab-
baus der Mergel bereits Rutschungen eingetreten waren, wurde die Böschung im Zuge des
Aushubs mit insgesamt ca. 500 Ankern (Litzenanker 7 x ∅ 0,6", Gebrauchskraft 800 kN)
gesichert. Die Anker haben im mittleren Hangbereich, bedingt durch den beobachteten Zweikörper-Bruchmechanismus des Hanges mit einer tiefliegenden Hauptgleitfläche, Längen bis
zu 50 m. Eine Störungszone erbrachte während des Aushubs örtlich sehr großen Wasseranfall,
verbunden mit einem starken Anstieg der Ankerkräfte. Entgegen der ursprünglichen Planung
mußte deshalb am Böschungsfuß eine Berme belassen werden. Die Ankerkräfte wurden durch
hintermörtelte Stahlbetonplatten auf der Böschungsoberfläche in den Hang eingeleitet.
Bild 9-13 zeigt eine Skizze der Situation, Bild 9-14 eine Ansicht des Hanges mit der Verankerung. Die Maßnahme ist in [33] beschrieben.

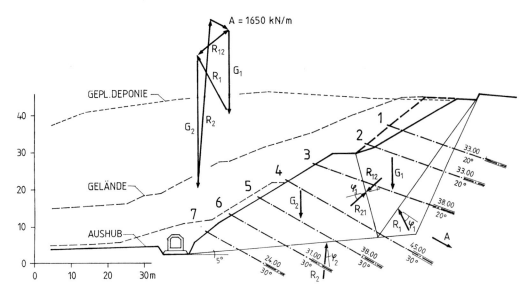

Bild 9-13 Schematische Darstellung der Verankerungsmaßnahme Deponie Hamberg und Ermittlung der Ankerkräfte

Bild 9-14 Ansicht des Hanges mit der Verankerung

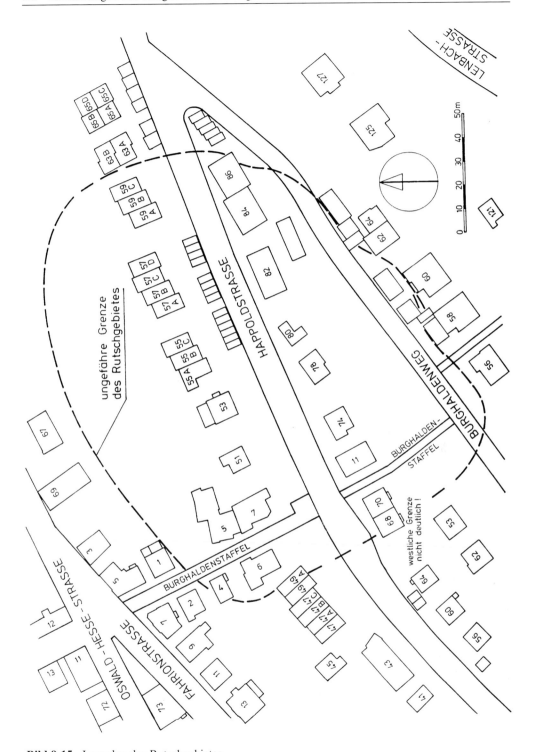

Bild 9-15 Lageplan des Rutschgebietes

9.3.2 Sicherung einer Wohnbebauung auf einem Rutschhang durch verankerte Tiefbrunnen

In einem Wohngebiet Stuttgarts (Bild 9-15, siehe S. 105) in Hanglage setzte sich im Jahre 1988 nach einer ergiebigen Niederschlagsperiode eine Rutschscholle von ca. 200×150 m Ausdehnung in Bewegung. Die Verschiebungsgeschwindigkeit betrug anfangs einige Zentimeter pro Woche. Es entstanden insbesondere an den Randbereichen der Rutschung schwere Schäden an den Gebäuden.

Um rasch eine Stabilisierung zu erreichen, wurden zunächst an elf Stellen jeweils 4 stark bewehrte Großbohrpfähle bis unter die vermutete Gleitfuge in ca. 16 m Tiefe vorgetrieben. Talseits der Pfähle wurden insgesamt 11 Tiefbrunnen abgeteuft und die Pfähle aus den Brunnen heraus rückverankert. Die Bilder 9-16 und 9-17 zeigen das Prinzip der Sicherung, Bild 9-18 den Beginn der Ankerbohrarbeiten. Seit der Fertigstellung der Sicherung ist der Hang zur Ruhe gekommen. Die Maßnahme ist in [27] genauer beschrieben.

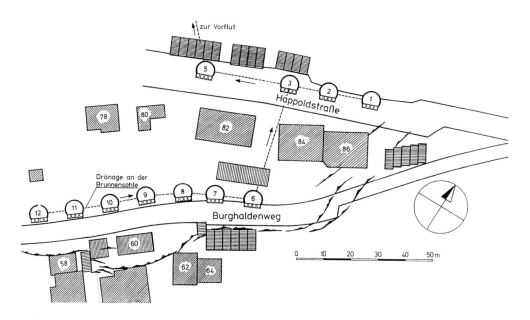

Bild 9-16 Anordnung der verankerten Brunnen im Rutschgebiet

9.3.3 Verankerung der Krone eines Autobahndammes

Ein 45 m hoher Autobahndamm im Zuge der A 61 bei Bengen wurde aus einem tonig-schluffigen Schüttmaterial hergestellt, das aus dem nahen Einschnitt entnommen wurde. Wenige Jahre nach der Herstellung zeigten sich sowohl in den Einschnittböschungen als auch in der Dammböschung Kriech- und Rutschbewegungen. Ursache waren Verwitterungsvorgänge,

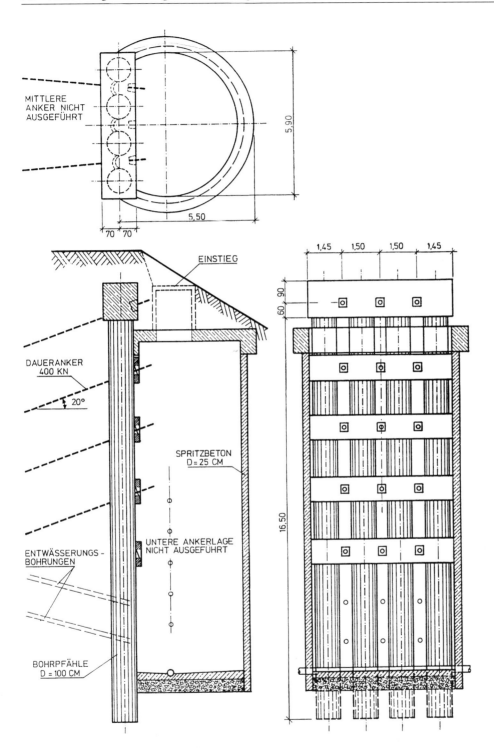

Bild 9-17 Konstruktionsweise der Brunnen

Bild 9-18
Beginn der Ankerbohrarbeiten an einem Brunnen

durch die eine allmähliche Verminderung der Scherfestigkeit der oberflächennahen Böschungs-
bereiche verursacht wurde. Derartige (trotz sorgfältiger Verdichtung) rasche und radikale
Scherfestigkeitsverluste waren bis zu diesem Zeitpunkt unbekannt [28]. In der Fahrbahn der
A 61 traten Risse und Absackungen auf, die eine rasche Stabilisierung erforderlich machten.

Die Krone des Dammes wurde durch eine aufgelöste Bohrpfahlwand gesichert (geklammert).
Eine weitere Kriechbewegung der Dammböschung talseits der Bohrpfähle mußte in Kauf
genommen werden. Aus statischen Gründen mußten die Pfähle im Dammschüttmaterial rückverankert werden. Zum Einsatz kamen 18,5 m lange Einstabanker mit einer maximalen rechnerischen Ankerkraft von 360 kN. Die Bewegungen in der Fahrbahn sind mit der Maßnahme
gestoppt worden. Die Böschung talseits der Pfähle kriecht mit einer Geschwindigkeit von
einigen Millimetern pro Jahr weiter. Bild 9-19 zeigt einen Querschnitt durch die Sicherungsmaßnahme, Bild 9-20 eine Ansicht des Kopfbalkens der rückverankerten Bohrpfähle (man
beachte den kriechbedingten und mit Bitumen verschlossenen Spalt an der Berme talseits der
Pfähle).

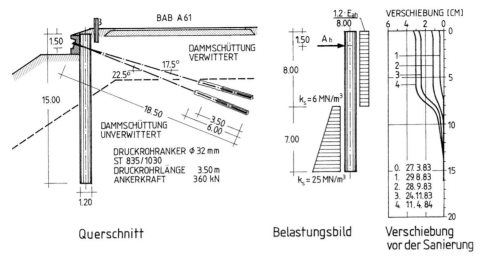

Querschnitt   **Belastungsbild**   **Verschiebung vor der Sanierung**

Bild 9-19 Mit rückverankerten Bohrpfählen gesicherte Dammkrone

Bild 9-20
Ansicht der Sicherung
ca. 10 Jahre nach Fertigstellung

9.4   Auftriebssicherungen

Relativ häufig werden Daueranker bei der Auftriebsicherung von Becken in Kläranlagen eingesetzt, da diese meist in der Nähe eines Vorfluters mit hochliegendem Grundwasserspiegel liegen und die Becken nur ein geringes Eigengewicht haben. Gegenüber Zugpfählen haben Anker den Vorteil, daß durch die Vorspannung unter der Beckensohle immer Druckspannun-

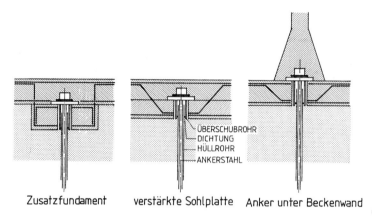

Zusatzfundament   verstärkte Sohlplatte   Anker unter Beckenwand

Bild 9-21   Systemskizze eines Anschlusses Anker/Bodenplatte

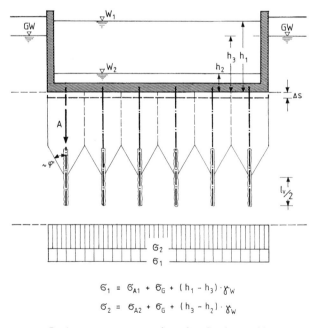

$$\sigma_1 = \sigma_{A1} + \sigma_G + (h_1 - h_3) \cdot \gamma_W$$

$$\sigma_2 = \sigma_{A2} + \sigma_G + (h_3 - h_2) \cdot \gamma_W$$

Bodenpressung σ unter der Beckensohle

Bild 9-22   Verankerte Beckensohle in einer Kläranlage (Skizze)

Bild 9-23 Fundamentblöcke zur Übertragung der Ankerkräfte in die Bodenplatte

gen vorhanden sind. Bei schlaff eingebauten Zugpfählen (heute meist Einstab-Verbundpfählen) tritt dagegen in Abhängigkeit von der Beckenfüllung eine echte Wechselbelastung auf. Abgesehen davon, daß das Tragvermögen von Zugpfählen in bestimmten Böden (z. B. Feinsanden unter Wasser) unter Wechselbelastung schlechter werden kann, treten größere Verformungen auf als bei einer vorgespannten Auftriebssicherung. Schwierig kann es sein, die Kopfkonstruktion der Anker in der meist relativ dünnen Bodenplatte unterzubringen. Wo es möglich ist, sollten deshalb die Anker unter aufgehenden Wänden angeordnet werden. Bei großflächigen Bodenplatten werden häufig unter den Platten Fundamentkörper für die Ankerköpfe ausgebildet, die dann durch Bewehrung an die Bodenplatte angeschlossen werden (Bild 9-23).

9.5 Abgespannte Konstruktionen

9.5.1 Neckarbrücke in Stuttgart-Hofen

Bei Hängebrücken müssen die Seilkräfte in den Untergrund eingeleitet werden. Heute werden dazu in der Regel Anker benutzt. Bei der Neckarbrücke in Stuttgart-Hofen wurden die Haupttragseile über zwei Pylone geführt und auf der Landseite in Fundamentblöcken verankert. Die Seilkräfte wurden über die Fundamentblöcke auf jeweils 10 Druckrohranker übertragen. Eine Besonderheit bestand darin, daß die Anker ohne die Seilzugkräfte nicht sofort auf die volle

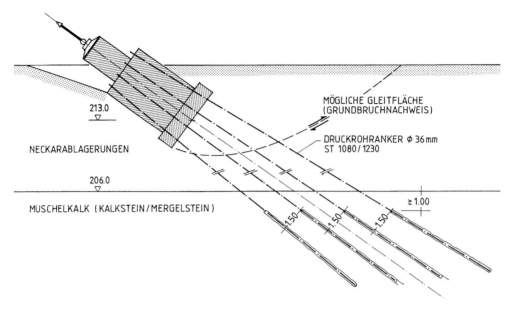

Bild 9-24 Verankerung eines Fundamentblockes, Seite Hofen

Bild 9-25 Abspannfundament der Neckarbrücke, Seite Hofen

Gebrauchskraft vorgespannt werden konnten, wie dies sonst bei derartigen Konstruktionen üblich ist. Da die Fundamentblöcke in den stark zusammendrückbaren und wenig scherfesten Talablagerungen des Neckars gegründet waren, wären bei voller Vorspannung (schräger Lastangriff) ohne die Seilkräfte die Grundbruchsicherheit und die für das Bauwerk noch verträglichen Setzungen nicht nachzuweisen gewesen. Die Vorspannung wurde deshalb stufenweise in Abhängigkeit von der jeweiligen Seilzugkraft aufgebracht, so daß in jedem Bauzustand und im Endzustand eine für das Bauwerk verträgliche Bodenpressung unter den Fundamentblöcken vorhanden war.

9.5.2   Kylltalbrücke im Zuge des Baus der BAB A 60

Für den Bau der Kylltalbrücke waren in der Bauphase die Bogensegmente über Seilabspannungen zu halten. Die Seilkräfte wurden mit insgesamt 116 temporären Verpreßankern in den Untergrund abgeleitet. Die Anker hatten Gebrauchslasten bis zu 2700 kN. Die bis zu 45 m langen Anker (Litzenanker Stump-Suspa-Felsanker, 22 Litzen je Tragglied) wurden teilweise als sog. Semi-Permanentanker ausgebildet, da ihre Einsatzdauer für mehr als 2 Jahre vorgesehen war. Dazu wurde in der freien Stahllänge Korrosionsschutzpaste aufgetragen und auf ca. 90° erhitzt, wodurch ein Schutzfilm um die Litzendrähte erhalten wurde. Bild 9-26 zeigt das System der Abspannung und der Anker. Auf Bild 9-27 ist ein Ankerblock während der Spannarbeiten zu sehen. Die Maßnahme ist in [29] näher beschrieben.

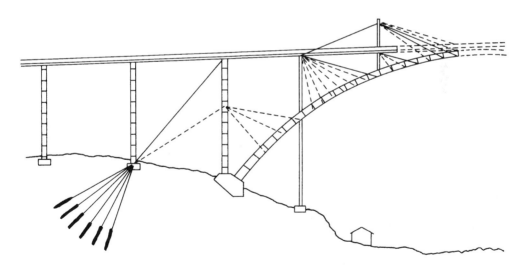

Bild 9-26 Seilabspannung der Bogensegmente der Kylltalbrücke während der Bauarbeiten [29]

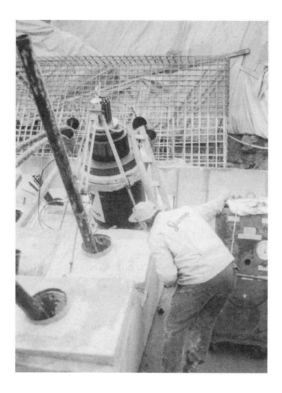

Bild 9-27
Spannarbeiten mit einer Spezialpresse
an den Felsankern (Werkfoto Stump
Spezialtiefbau GmbH)

9.6   Ertüchtigung der Staumauer der Edertalsperre

Bei einer Überprüfung der Staumauer der Edertalsperre hinsichtlich der Erfüllung der Forderungen des neuzeitlichen Hochwasserschutzes wurde ein Gewichtsdefizit von 2000 kN/lfdm Mauer festgestellt. Die Mauer wurde daraufhin mit insgesamt 104 schweren Felsankern, die von der Mauerkrone aus durch das Bauwerk hindurch gebohrt wurden, ertüchtigt. Zum Einsatz kamen Litzenanker (0,6"/St 1570/1770 mit 34 Einzellitzen und Gebrauchskräften bis 4500 kN, die in die abwechselnd 68 m und 73 m tiefen Bohrlöcher eingebaut wurden. Die Maßnahme stellte höchste Anforderungen an die Bohrgenauigkeit und erforderte die Entwicklung neuer Methoden zur Beherrschung vieler Detailprobleme beim Einbau, dem Prüfen und Spannen der schweren und langen Anker. Die Maßnahme ist in [30] ausführlich beschrieben worden.

Bild 9-28 Ankerbohrarbeiten auf der Krone der Staumauer der Edertalsperre
              (Werkfoto Stump Spezialtiefbau GmbH)

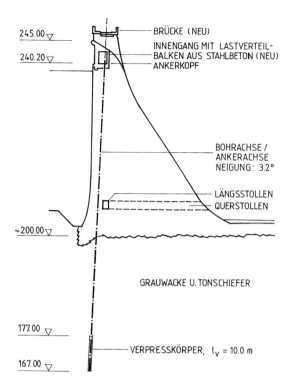

245.00 ▽

240.20 ▽

BRÜCKE (NEU)

INNENGANG MIT LASTVERTEIL-
BALKEN AUS STAHLBETON (NEU)

ANKERKOPF

BOHRACHSE /
ANKERACHSE
NEIGUNG: 3.2°

LÄNGSSTOLLEN

QUERSTOLLEN

~200.00 ▽

GRAUWACKE U. TONSCHIEFER

177.00 ▽

VERPRESSKÖRPER, l_v = 10.0 m

167.00 ▽

Bild 9-29 Querschnitt durch die Staumauer der Edertalsperre mit Ankern zur Erhöhung
der Gesamtstandsicherheit [30]

9.7   Kavernen

9.7.1   Kaverne Goldisthal

Die Kraftwerkskaverne des Pumpspeicherkraftwerks Goldisthal wurde planmäßig mit 8 m
langen SN-Ankern gesichert. In Störungszonen und im Bereich einer Wechsellagerung von
Quarzit und Schluffschiefer wurden zusätzlich Verpreßanker (Litzenanker 11 × 0,6" von maximal 25 m Länge und 1382 kN Gebrauchskraft) eingebaut. Für die Verankerung der Kranbahnkonsole, die im Endzustand als Auflager für die abgehängte Decke der Kaverne dienen
soll, wurden Stump-Suspa-Kompaktanker mit 7 und 11 Litzen verwendet. Bild 9-30 zeigt
einen Schnitt durch die Verankerung der Kranbahnkonsole.

Die Anker der Konsolenaufhängung sind mit 26 bzw. 60 Grad zur Horizontalen geneigt. Der
Einbau der flacher geneigten Anker erfolgte vor der Herstellung des Betonbalkens für die
Kranbahnkonsole. Die steilen Anker wurden von einer tiefer gelegenen Bohrebene aus durch
im Balken angeordnete Leerrohre gebohrt. Bild 9-31 zeigt das Bohren der flacher geneigten
Anker, Bild 9-32 die Anker zur Sicherung der Ausbruchlaibung. Die Maßnahme ist in [31]
näher beschrieben.

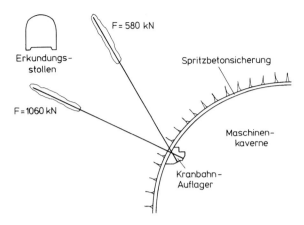

Bild 9-30 Schnitt durch die Verankerung der Kranbahnkonsole [31]

Bild 9-31 Bohrarbeiten zur Herstellung der Anker für die Kranbahnaufhängung und die Auflager der Deckenabhängung (Werkfoto Stump Spezialtiefbau GmbH)

9.7.2 Kaverne Kraftwerk Waldeck II

In den Jahren 1970–1975 erfolgte der Bau der Kaverne für das Maschinenhaus des Kraftwerks Waldeck II. Die Kavernenlänge beträgt 106 m, die Kavernenbreite 35 m und die Kavernenhöhe 54 m. Die Sicherung erfolgte mit insgesamt ca. 1000 Stück Litzen-Daueran-kern von maximal 28 m Länge und Gebrauchskräften bis 1700 kN. Die Baumaßnahme ist in [32] beschrieben. Bild 9-33 zeigt einen Querschnitt durch die Kaverne und die Ankerung, Bild 9-34 die schweren Felsanker in der Firste und die Kranbahn.

Bild 9-32 Verankerung der Ausbruchlaibung

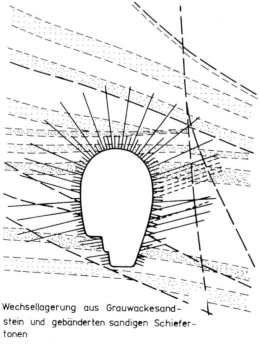

Wechsellagerung aus Grauwackesand-
stein und gebänderten sandigen Schiefer-
tonen

— — — Störungen

Bild 9-33 Querschnitt durch die Kaverne Waldeck II [32]

Bild 9-34   Firstankerung über der Krahnbahn

10 Berechnung von Verankerungen

10.1 Grundsätze

Die DIN 4125 enthält in Abschnitt 8 einige Vorgaben und Hinweise für die Bemessung von Verankerungen. Insbesondere regelt sie die zulässigen Ankerkräfte (zul F) und gibt in Tabelle 1 einzuhaltende Sicherheitsbeiwerte vor. Die zulässige Ankerkraft für den Verpreßkörper beträgt:

$$\text{zul } F \leq \frac{F_K}{\eta_K}$$

F_K ist die Grenzkraft des Verpreßkörpers, bei der im Zugversuch (bei der Eignungsprüfung) ein Kriechmaß von $k_s = 2,0$ mm beobachtet wird. Der Sicherheitsbeiwert η_K ist der Tabelle 10-1 zu entnehmen. Für das Stahlzugglied erhält man die zulässige Kraft zu:

$$\text{zul } F \leq \frac{F_S}{\eta_S}$$

F_S ist die Zugkraft an der Streckgrenze des Stahlzuggliedes, die sich aus der Querschnittsfläche A_S und der Streckgrenze β_S des Ankerstahls ergibt. Der Sicherheitsbeiwert η_S ist der Tabelle 10-1 zu entnehmen.

Tabelle 10-1 Sicherheitsbeiwerte bei Verankerungen in Abhängigkeit vom maßgebenden Lastfall und dem Erddruckansatz [14]

	1	2	3	4	5
Lastfall nach DIN 1054	Art der Lasten	Verpreßkörper: η_K		Stahlzugglied: η_S	
		Regelfall (für Daueranker immer anzusetzen)[1]	Erdruhe-druck	Regelfall (für Daueranker immer anzusetzen)[1]	Erdruhe-druck
1	Ständige Lasten und regelmäßig auftretende Verkehrslasten, auch Wind	1,50	1,33	1,75	1,33
2	Lasten des LF 1, zusätzlich nicht regelmäßig auftretende große Verkehrslasten, Belastungen während der Bauzeit[2]	1,33	1,25	1,50	1,25
3	Lasten des LF 1, zusätzliche außerplanmäßige Lasten infolge von Unfällen oder Ausfällen von Betriebs- oder Sicherungsvorrichtungen	1,25	1,20	1,33	1,20

[1] Die Lasten des Regelfalls sind: Lasten infolge von Erddruck / aus felsmechanischen Untersuchungen ermittelte Lasten / Lasten infolge Wasserdruck / Lasten infolge von Seilkräften / am Ankerkopf angreifende sonstige Lasten
[2] Baugrubenwände entsprechen Lastfall 1

Es ist jeweils der kleinere Wert von zul *F* maßgebend. Wenn bei der Bemessung von Kurzzeit-ankern vom erhöhten aktiven Erddruck ausgegangen wurde, sind die Sicherheitsbeiwerte zwischen den Tabellenwerten des Regelfalls und des Erdruhedrucks zu interpolieren.

10.2 Verankerungen beim Baugrubenverbau und bei Ufersicherungen

Über die Berechnung von Verankerungen beim Baugrubenverbau und bei Ufersicherungen machen die Empfehlungen des Arbeitsausschusses Baugruben – EAB – [34] und die Empfeh-lungen des Arbeitsausschusses Ufereinfassungen – EAU – [35] detaillierte Angaben. Es wird hier deshalb nicht erneut darauf eingegangen.

Wichtig ist, daß die Berechnungen auch Zwischenbauzustände erfassen, bei denen die volle Ankerkraft noch nicht vollständig von der Konstruktion aufgenommen werden kann und des-halb auch nicht aufgebracht werden darf.

Nur selten macht es Sinn, die Anker nur mit einem Bruchteil der errechneten Ankergebrauchs-kraft festzulegen. Bei Baugrubenwänden ist zu beachten, daß der Ausfall eines Ankers nicht zum Versagen des Tragsystems führen darf. Falls erforderlich müssen zusätzliche konstrukti-ve Maßnahmen vorgesehen werden, oder es muß ein entsprechender rechnerischer Nachweis darüber geführt werden, daß kein Versagen eintritt. Bei diesem Nachweis dürfen alle Trag-reserven berücksichtigt werden.

10.3 Hangsicherungen durch Verankerung

Bei der Ermittlung der Ankerkräfte für Hangsicherungen ist man häufig gezwungen, von ei-nem Stand relativen Unwissens über die zu sichernden Massen, die mögliche Höhe eines zeitlich veränderlichen Bergwasserspiegels und die wirksamen Scherparameter auszugehen. Oft läßt es die rasche Entwicklung der Verschiebungen nicht zu, längerfristige Erkundungs-programme durchzuführen, wenn z. B. bauliche Anlagen unmittelbar bedroht sind. In allen diesen Fällen sollte man bereits beim Entwurf die Möglichkeit von Nachankerungen vorsehen (z. B. durch zunächst unbesetzte Öffnungen in der Auflagerung für die Ankerköpfe, Anker-spreizung und -staffelung etc.)

Die erforderlichen Sicherheitsfaktoren müssen bei großen Sicherungsmaßnahmen oft abwei-chend von den Festlegungen der DIN 4084 (Abschnitt 12) gewählt werden, wenn die Kosten nicht in Größenordnungen wachsen sollen, die eine Ausführung von vornherein unakzeptabel erscheinen lassen. In den Arbeitskreisen der Deutschen Gesellschaft für Geotechnik (DGGT) und der Forschungsgesellschaft für das Straßen- und Verkehrswesen (FGSV), die sich in den vergangenen Jahren mit Fragen der Böschungsstandsicherheit beschäftigt haben, wird die Auffassung vertreten, daß je nach der Genauigkeit der Kenntnisse über die zu sichernde Hang-masse Standsicherheitsfaktoren zwischen $\eta = 1,05$ und $\eta = 1,20$ nach der Sanierung ausreichend sein können. Die Faktoren müssen zwischen dem Bauherrn und seinen Beratern vereinbart werden. Es ist selbstverständlich, daß der Überwachungsaufwand bei den derart herabgesetzten Sicherheitsfaktoren größer sein muß als bei der Einhaltung der Faktoren nach DIN 4084.

Bei Rutschungen sollte am Beginn jeder Sicherungsmaßnahme eine erdstatische Analyse für
den Bruchzustand stehen. Die Berechnungen (grafisch oder numerisch) müssen so lange variiert werden, bis für den Bruchzustand ($\eta = 1,0$) die wahrscheinlichste Konfiguration von einwirkenden Kräften wie Gewicht und Bergwasserschub sowie Reibungs- und Kohäsionskräften gefunden ist. Ausgehend von dieser Konfiguration muß dann die erforderliche Haltekraft
für das Erreichen des gewünschten Sicherheitsniveaus festgelegt und die Sanierungsmethode
bestimmt werden.

10.4   Auftriebssicherungen durch Verankerung

Auftriebssicherungen durch Verankerung haben nicht zuletzt durch die zahlreichen Neubauten im Zentrum Berlins nach der Wende eine große Bedeutung erlangt, da die Gründung der
Mehrzahl dieser Bauten weit unterhalb des Grundwasserspiegels erfolgte und erfolgt.

Die Tabelle 10-2 enthält die erforderlichen Auftriebssicherheiten nach DIN 1054 Abschnitt
4.1.3.4. Die Zeile 2 der Tabelle enthält die erforderlichen Sicherheiten eines Gründungskörpers,
sofern sie allein auf den Eigenlasten über der Gründungssohle beruhen und der maßgebende
Grundwasserspiegel feststeht. In der dritten Zeile sind die Sicherheiten eingetragen, die eingehalten werden müssen, wenn die seitliche Bodenreaktion mitberücksichtigt wird. Diese
Werte gelten auch, wenn die Auftriebssicherheit mit einer Verankerung durch Verpreßanker
oder Pfähle erreicht werden soll.

Tabelle 10-2   Sicherheitsfaktoren gegen Auftrieb nach DIN 1054

Lastfall	1	2	3
η_a (nur Eigengewicht)	1,1	1,1	1,05
η_a (seitliche Bodenreaktion, Anker, Pfähle)	1,4	1,4	1,2

Die derzeit gültige Fassung der Norm stammt vom November 1976, als Erfahrungen mit Ankern und Verpreßpfählen noch nicht in dem Maße vorlagen, wie es heute der Fall ist. Die
geforderten Sicherheiten sind deshalb (aus heutiger Sicht) sehr hoch. Um zu günstigeren Auftriebssicherungen vor allem in Berlin bei den Bauten der Nachwendezeit zu kommen, wurde
in den GBOB [36] für verankerte hochliegende und mit Pfählen oder Ankern gesicherte horizontale Dichtsohlen ein Sicherheitsbeiwert von $\eta = 1,25$ als ausreichend festgelegt.

Beim Einsatz von Dauerankern für Bauwerke, bei denen sich je nach Lastzustand stark unterschiedliche Auftriebskräfte ergeben, sollte zumindest überschlägig die Kraftänderung in den
Ankern abgeschätzt und mit den zulässigen Kraftänderungen des jeweiligen Ankerstahles ver-

glichen werden. Ein Beispiel hierfür sind Becken von Kläranlagen in gefülltem bzw. geleertem Zustand. Durch die Vorspannung ergeben sich unter der Beckensohle zwar immer Druckspannungen. Je nach Wasserstand im Becken sind sie jedoch unterschiedlich groß. Dadurch erleidet die Bodenschicht zwischen Beckensohle und den Verpreßkörpern (letztendlich nur noch elastische) Verformungen, und eine Längenänderung der Stähle in der freien Stahllänge wird bewirkt. Die Längenänderung führt zu einer Kraftänderung, die unterhalb der zulässigen Werte (ca. 15 bis 20 % der Gebrauchskraft) liegen muß.

10.5   Verankerte Seilabspannungen

Die Abspannung von Tragseilen für Brücken, Kühltürme und andere Konstruktionen erfordert sowohl hinsichtlich der Bemessung als auch der Ausführung besondere Aufmerksamkeit. Die maximal auftretenden Kräfte ergeben sich bei solchen Bauten aus der statischen Berechnung meist ziemlich genau. Weil ein Ankerversagen während der Gebrauchsdauer meist deutlich dramatischere Folgen hat als z. B. bei einer Felssicherung, sollte man im Einzelfall überlegen, ob durch konstruktive Gestaltung der Bauteile an der Übergabestelle Seil/Verankerung die Möglichkeit einer späteren Ankernachprüfung erhalten bleiben kann. Auch der Einbau einer Prüfeinrichtung (z. B. eines Lichtwellenleiter-Sensors [37]) in den Anker kann erwogen werden. Ähnlich wie bei manchen Auftriebssicherungen sollte durch eine Abschätzung der Setzungsunterschiede bei wechselnden Abspannkräften der Nachweis geführt werden, daß die Änderungen der Ankerkraft unter den zulässigen Werten für den betreffenden Stahl liegen.

10.6   Andere Anwendungen

Für die Anwendung von Ankern beim Bau von Kavernen, für die Ertüchtigung von Talsperren und für viele andere Zwecke gibt es keine allgemein verbindlichen Regeln, denn es handelt sich in der Regel um Bauwerke mit spezifischen und nur für den aktuellen Fall gültigen Randbedingungen. Oft haben die Bauherrn solcher Großbauten eigene Bauabteilungen, die Vorgaben hinsichtlich der Bemessung und Prüfung von Ankern machen.

11 Vernagelungen von Boden und Fels

11.1 Verfahrensbeschreibung

Bei einer Bodenvernagelung wird der (i. d. R. gewachsene) Bodenkörper durch das Einbringen von Zuggliedern in Bohrlöcher in die Lage versetzt, auch Zug- und Scherkräfte aufzunehmen. Die Zugglieder, meist Baustähle 500 S-GEWI, werden während des Aushubs lagenweise in vorgebohrte Löcher eingebaut und mit dem umgebenden Boden durch Zementsuspension kraftschlüssig verbunden. Sie werden nicht vorgespannt und bilden (im mechanischen Sinne) eine Bewehrung des Bodens. Im einzelnen sind folgende Verfahrensschritte notwendig (siehe Bild 11-1):

1) Bodenaushub von 1–2 m Tiefe, Herstellen der 1. Teilböschung
2) Bohren der 1. Lage von Bohrlöchern (∅ 60–150 mm), horizontaler Abstand 1,0–2,5 m
3) Einbauen der Bodennägel mit Abstandhaltern, Bohrlochverfüllung mit Zementsuspension (bei verrohrten Bohrungen wird der Nagel i. d. R. in das suspensionsgefüllte Bohrloch eingeschoben)

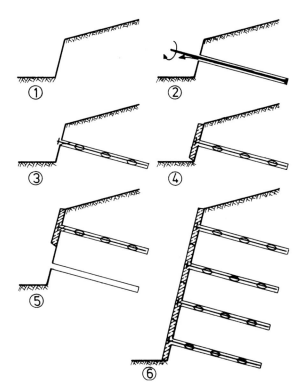

Bild 11-1 Verfahrensschritte bei einer Bodenvernagelung

4) Montage der Mattenbewehrung der Spritzbetonschale, ggf. auch einer Dränmatte auf der Böschungsoberfläche und Dränrohren, Spritzen der Schale, Setzen der Nagelkopfplatten, ggf. anschließend Bohren von Dränageöffnungen

5) nächster Aushubschritt, Bohren der Löcher für die nächste Lage Bodennägel, usw.

6) Fertigstellung des vernagelten Geländesprunges

Hauptanwendungsgebiete für Vernagelungen sind die Herstellung von steilen Baugruben-böschungen (Bild 11-2) und die Sicherung von rutschgefährdeten Hängen und steilen Fels-böschungen (Bild 11-3). Auch die Sanierung einsturzgefährdeter historischer Stützmauern durch Vernagelung ist inzwischen ein Standardverfahren (Bild 11-4).

Die speziellen Vorteile des Bauverfahrens Bodenvernagelung, nämlich die Flexibilität in der Gestaltung der Baugrubenform und die Möglichkeit des nahezu gleichzeitigen Aushebens und Sicherns der Baugrube, kommen vor allem zum Tragen, wenn die Oberflächensicherung mit bewehrtem Spritzbeton erfolgt. Es gibt jedoch auch Versuche, bei Dauerbodenvernagelungen anstelle des Spritzbetons die Verkleidung mit Betonfertigteilen vorzunehmen (Bild 11-5). Auch bewehrter Ortbeton wurde schon bei einer Temporärvernagelung verwendet (Bild 11-6). Bei-de Methoden haben sich in der Praxis bisher aber nicht in größerem Umfang durchsetzen können.

Bei Vernagelungen für vorübergehende Zwecke setzen sich am Markt zunehmend selbst-bohrende Rohranker durch. Grundsätzlich ist es möglich, bei geeigneten hindernisfreien Bö-

Bild 11-2
Vernagelte Baugrubenböschung im Löß

Bild 11-3 Vernagelung einer steilen Felsböschung (Bad Urach)

Bild 11-4 Ertüchtigung einer alten Stützmauer mit Bodennägeln

Bild 11-5 Vernagelte Wand mit vorgesetzten Betonfertigteilen (Gelände der Daimler-Benz AG, Sindelfingen)

Bild 11-6 Bodenvernagelung mit Ortbetonaußenhaut (am B14-Straßentunnel in Stuttgart-Heslach)

den die Nägel auch zu rammen, doch blieb diese Herstellungsweise wegen der geringen Steifigkeit der Nägel und des meist schlechten Verbundes Nagel/Boden bisher auf Ausnahmefälle beschränkt. Die Fa. Stump Spezialtiefbau GmbH hat in Zusammenarbeit mit der Dynamit Nobel GmbH ein Impulsstrahlverfahren entwickelt, mit dem die „Bohrungen" für die Nägel im Lockergestein auf neuartige Weise hergestellt werden können. Mit Hilfe von Treibladungen wird eine bestimmte Menge Zementsuspension in einem Spezialgerät stark beschleunigt und in den Boden geschossen. Die Suspension verdrängt den Boden und bildet eine Röhre, in die zusätzliche Suspension und ein Zugglied eingebracht werden können. Bisher sind Längen bis ca. 7 m erreicht worden.

11.2 Historische Entwicklung und Anwendungsgrenzen

Die erste vernagelte Steilböschung wurde in Europa im Jahr 1973 bei Versailles in Frankreich gebaut. Ab dem Jahr 1975 wurden dann in einem vom Bundesminister für Forschung und Technologie geförderten Projekt von der Firma Bauer Spezialtiefbau (Schrobenhausen) und der Universität Karlsruhe zahlreiche Modell- und Großversuche an vernagelten Wänden durchgeführt [38], mit denen die Brauchbarkeit und Zuverlässigkeit des Verfahrens nachgewiesen wurde. Außerdem wurden die Berechnungsgrundlagen für solche Konstruktionen geschaffen. Ab dem Jahr 1977 wurde das Verfahren schließlich auch in Deutschland in der Praxis eingesetzt. Im Jahr 1984 erteilte das Institut für Bautechnik eine erste allgemeine bauaufsichtliche Zulassung an die Firma Bauer Spezialtiefbau. Inzwischen werden jährlich sehr viele Vernagelungen weltweit durchgeführt. Das Verfahren, dessen Entwicklung offensichtlich von Frankreich und Deutschland ausging, wird in den englischsprachigen Ländern als soil nailing und in Frankreich als clouterre bezeichnet.

Vernagelungen können im Lockergestein und im Fels durchgeführt werden. Voraussetzung ist, daß die Boden- oder Felseigenschaften die Herstellung einer frei stehenden Teilböschung in der Höhe gestatten, die für den schrittweisen Aushub und die Sicherung notwendig sind. Vernagelungen in kohäsionslosen oder sehr gering kohäsiven Böden sind also nicht möglich. Auch Felsböschungen mit ungünstig einfallenden Kluft- oder Schichtflächen bereiten bei einer Vernagelung wegen der dadurch bedingten geringen lokalen Standsicherheit Probleme. Der Versuch, Vernagelungen bei starkem Schichtwasseranfall oder gar unterhalb des Hangwasserspiegels auszuführen, ist mit hohem Risiko verbunden (Standsicherheit der Teilböschungen).

Nach den Zulassungsbescheiden des DIfBt dürfen Bodenvernagelungen nicht ausgeführt werden, wenn betonangreifende Stoffe im Boden oder Grundwasser vorhanden sind (bei Sulfatangriff darf der Angriffsgrad höchstens „schwach angreifend" sein). Im Einzelfall muß man bei Temporärvernagelungen prüfen, ob ein Abweichen von dieser Bestimmung möglich ist, wenn bei der Herstellung Schutzmaßnahmen getroffen werden, und eine entsprechende Überwachung der Nägel durchgeführt wird (dies kann z. B. dadurch erfolgen, daß Prüfnägel zusätzlich eingebaut werden, deren Tragverhalten durch zeitlich gestaffelte Ausziehversuche während der Nutzungsdauer kontrolliert wird, siehe dazu auch Abschnitt 11.7).

11.3   Baurechtliche Aspekte

Für das Bauverfahren „Bodenvernagelung" hat das Deutsche Institut für Bautechnik (DIBt) in Berlin seit der ersten Zulassung im Jahr 1984 (für die Fa. Bauer) mehrere allgemeine bauaufsichtliche (baurechtliche) Zulassungen an Spezialtiefbaufirmen erteilt. Die Zulassungsbescheide gelten jeweils für einen Zeitraum von ca. 5 Jahren; danach muß von der Firma beim DIBt eine Verlängerung beantragt werden. In den Zulassungsbescheiden ist geregelt, welche Materialien für die Nägel zu verwenden sind, wie sie hergestellt werden müssen, wie Vernagelungen zu bemessen sind, welche Prüfungen an den Nägeln vorzunehmen sind, usw. Im Anhang 1 ist eine Liste der derzeit gültigen allgemeinen bauaufsichtlichen Zulassungen für das Bauverfahren Bodenvernagelung beigefügt.

Die Bestimmungen der Zulassungsbescheide sind aber nicht auf alle vernagelten Bodenkörper anwendbar. Streng genommen behandeln die Bescheide, die im wesentlichen alle den gleichen Wortlaut haben, nur mit Stahlnägeln vernagelte Steilböschungen mit einer vorgesetzten Spritzbetonschale. Wichtige Anwendungsbereiche wie die Sanierung historischer Stützmauern und die Vernagelung flacherer Böschungen und Rutschungen sind in den Zulassungsbescheiden nicht berücksichtigt. Auch die Verwendung von Nägeln aus glasfaserverstärkten Kunststoffen oder anderen Materialien ist nicht behandelt.

Die Bemessungsvorgaben wurden an den Ergebnissen von Großversuchen im Maßstab 1 : 1 und Laborversuchen ausgerichtet, die von der Fa. Bauer Spezialtiefbau GmbH und der TU Karlsruhe im Zeitraum von 1975 bis 1980 durchgeführt wurden, und die zur Erteilung der ersten Zulassung führten. Bei diesen Versuchen war die Geländeoberfläche vor dem vernagelten Geländesprung und auch das Gelände oberhalb stets annähernd horizontal, und die Wände wurden durch Steigerung einer Geländeauflast zu Bruch gebracht. Dadurch ergaben sich bestimmte Bruchmechanismen, die aber nicht notwendig für beliebige Baugrund- und Geländesituationen möglich oder sinnvoll sind. So führt z. B. bei einer Böschungsvernagelung, wie sie in der Praxis häufig bei Hanganschnitten notwendig wird, die Untersuchung von Mehrkörper-Bruchmechanismen („Gleitkörperuntersuchungen") nicht zum Ziel. In allen Fällen, in denen vernagelte Stützkonstruktionen nicht in die Bestimmungen der Zulassungsbescheide „passen", müssen ingenieurmäßige Lösungen gefunden werden, die man selbstverständlich an den bewährten Festlegungen der Zulassungsbescheide ausrichten sollte.

11.4   Nagelwerkstoffe und Zubehör

• **Zugglieder BSt 500 S-GEWI (IVS-GEWI)**
Die Zugglieder der Bodennägel werden in der Regel aus allgemein bauaufsichtlich zugelassenem Betonrippenstahl BSt 500 S-GEWI oder Stabstahl S 555/700 mit aufgerolltem Gewinde hergestellt. Die Tabelle 11-1 zeigt die verfügbaren Durchmesser und zulässigen Nagelkräfte.

Die Verankerungen und Muffen für Bodennägel aus GEWI-Stählen besitzen eine allgemeine bauaufsichtliche Zulassung. Ihre Verwendung ist in den Zulassungsbescheiden vorgeschrieben. Die erforderliche Größe der Kopfplatten wird durch die statische Berechnung ermittelt.

Tabelle 11-1   Liste der GEWI-Stahlzugglieder für Bodenvernagelungen

Stabdurch-messer	Werkstoff	Stahlquer-schnitt	Kraft an der Fließgrenze	Kraft an der Bruchgrenze	Zulässige Gebrauchskraft F_w (kN), η = 1,75
(mm)		(mm²)	(kN)	(kN)	
16	BSt 500/550 S-GEWI	201	101	111	58
20	BSt 500/550 S-GEWI	314	157	173	90
25	BSt 500/550 S-GEWI	491	246	270	141
28	BSt 500/550 S-GEWI	616	308	339	176
32	BSt 500/550 S-GEWI	804	402	442	230
40	BSt 500/550 S-GEWI	1257	628	691	359
50	BSt 500/550 S-GEWI	1963	982	1080	561
63,5	BSt 555/700 GEWI	3167	1758	2217	1004

Grundsätzlich lassen sich insbesondere bei temporären Vernagelungen auch Rippentorstähle als Zugglieder einsetzen, wenn dies wirtschaftliche Vorteile bringt und das Problem der Montage der Kopfplatten konstruktiv gelöst wird (z. B. durch Aufschneiden eines Gewindes oder Aufschweißen der Kopfplatten). Gegebenenfalls muß für die Verwendung solcher Zugglieder eine Zustimmung im Einzelfall bei der obersten Bauaufsichtsbehörde des Landes eingeholt werden, falls nicht der Bauherr selbst die Zulassungen erteilt (z. B. die Straßenbau-verwaltungen).

- **Zugglieder aus Feinkornbaustählen (System Ischebeck TITAN)**

Das Deutsche Institut für Bautechnik hat unter der Zulassungsnummer Z-34.13-206 eine allgemeine bauaufsichtliche Zulassung für die „Kurzzeit-Bodenvernagelung System TITAN 30/11" erteilt; es handelt sich dabei um ein System mit selbstbohrenden Nägeln unter Verwendung von verlorenen Bohrkronen. Die Herstellerfirma Ischebeck (Ennepetal) bringt darüber hinaus weitere Tragglieder für Verankerungszwecke und Kleinpfähle auf den Markt. Die verfügbaren Durchmesser und möglichen Zugkräfte zeigt die Tabelle 11-2 (Werte nach Her-

Tabelle 11-2   Kenndaten von Traggliedern System Ischebeck TITAN

Bezeichnung des Traggliedes	TITAN 30/16	**TITAN 30/11**	TITAN 40/16	TITAN 52/26	TITAN 73/53	TITAN 103/78	TITAN 105/53
Außendurchmesser (mm)	30	**30**	40	52	73	103	105
Kerndurchmesser (mm)	27,2	**26,2**	37,1	48,8	69,9	100,4	98,5
Innendurchmesser (mm)	16	**11**	16	26	53	78	53
Nennquerschnitt (mm²)	382	**446**	879	1337	1631	3146	5501
Gewicht (kg/m)	3,0	**3,5**	6,9	10,5	12,8	24,7	43,2
Bruchlast (kN)	220	**320**	660	929	1160	1950	3460
Kraft an der Fließgrenze (kN)	180	**260**	525	730	970	1570	2726
Gebrauchslast (kN)	100	**150**	300	400	554	900	1500

stellerangaben). Der Zulassungsbescheid bezieht sich nur auf das Stahlzugglied TITAN 30/11; für die Verwendung der übrigen Produkte in der Tabelle besteht bisher keine allgemeine bauaufsichtliche Zulassung. Sie werden hier aber der Vollständigkeit halber mit aufgezählt.

Das Stahlzugglied TITAN 30/11 ist ein nahtloses Stahlrohr 27,5 × 7,1 aus StE 460 (siehe DIN 17124 – Nahtlose kreisförmige Rohre aus Feinkornbaustählen für den Stahlbau). Es besitzt ein kalt aufgerolltes Linksgewinde (Gewindedurchmesser 29 mm, Steigung 13 mm). Die durch das Aufrollen erzeugten Strukturänderungen im Stahl werden durch Anlassen auf 450 °C ausgeglichen.

Die Kopfverankerung erfolgt durch Kugelbundmuttern aus Temperguß GTW 40-05 (DIN 1692). Im Zulassungsbescheid werden Auflagerplatten 140 × 200 mm aus Stahl 1C35 (DIN EN 10 083-2) verlangt. Andere Platten sind erlaubt, wenn sie statisch nachgewiesen werden. Die Stähle dürfen mit Kopplungsmuffen (Stahlguß, Werkstoff-Nr. 1.4468 nach Stahl-Eisen-Werkstoffblatt 410) gestoßen werden.

- **Zugglieder aus Stahl mit aufgerolltem Gewinde, Hersteller DYWIDAG (DSI)**
Die Firma DYWIDAG-Systems International bietet Zugglieder und Zubehör (Bohrkronen, Muffen, Injektionsadapter und -pumpen) für selbstbohrende Anker unter dem Produktnamen MAI-Anker an. Die Zugglieder bestehen aus Stahl, vermutlich einem Feinkornbaustahl. Erhältlich sind die in der folgenden Tabelle 11-3 aufgeführten Durchmesser.

Tabelle 11-3 Daten von Zuggliedern System DSI MAI

Bezeichnung	Gewicht	Außendurch- messer	Querschnitts- fläche	Kraft an der Fließgrenze	Kraft an der Bruchgrenze	Gebrauchs- kraft in kN
	(kg/m)	(mm)	(mm^2)	(kN)	(kN)	($\eta = 1,75$)
R 25 N	2,6	25	300	150	200	86
R 32 N	3,6	32	430	230	280	131
R 32 S	4,2	32	500	280	360	160
R 38 N	6,0	38	750	400	500	229
R 51 L	7,5	51	900	450	500	257
R 51 N	8,4	51	1050	630	800	360

- **Zugglieder aus kunststoffgebundenen Glasfasern (GFK)**
Zugglieder aus Glasfasern werden von verschiedenen Herstellern in unterschiedlichen Ausführungen angeboten. Sie besitzen gegenüber solchen aus Stahl den Vorteil, daß sie nach dem Einbau mühelos zerspant werden können, wenn sie z. B. einen Bodenkörper nur vorübergehend sichern mußten, der im Zuge der Baumaßnahme später entfernt werden muß. Weitere Vorteile sind das geringe Gewicht und das Fehlen einer Korrosionsgefährdung. Diesen Vorteilen stehen konstruktive Schwierigkeiten bei der Kopfausbildung gegenüber, die sich vor allem aus der geringen Aufnahmefähigkeit für Querdruckkräfte ergeben. Sie sind bei den verschiedenen Systemen unterschiedlich gelöst worden. Bei glatten Stäben können zudem in Verbindung mit einem Verpreßkörper aus Zementmörtel Verbundprobleme entstehen.

Zugglieder aus kunststoffgebundenen Glasfasern sind i. d. R. teurer als solche aus Stahl gleicher Tragfähigkeit. Wo ihre besonderen Eigenschaften Vorteile bringen, sollte man sie nutzen. Im Bergbau sind Anker aus GFK seit längerer Zeit auch in Deutschland üblich. Im Tunnelbau in der Schweiz werden sie häufiger eingesetzt als in Deutschland, insbesondere bei einschaligen Tunnelbauten.

Die Verwendung von Zuggliedern aus Glasfasern für übertägige Bodenvernagelungen ist wegen der Kostenvorteile von Stahlnägeln nur in Ausnahmefällen vorteilhaft. Sie werden deshalb ausführlich erst im Kapitel 14 (Anker und Nägel im Tunnel- und Bergbau) behandelt.

11.5 Bauarten von Nägeln

Wie bei Verpreßankern nach DIN 4125 unterscheidet man bei Nägeln mit einem Zugglied aus Stahl nach der geplanten Gebrauchsdauer t zwischen Nägeln für den temporären Einsatz ($t \leq 2$ Jahre, z. B. bei Baugruben) und solchen für permanenten Einsatz ($t > 2$ Jahre).

- **Temporärnägel**
Bodennägel für temporäre Zwecke haben einen einfachen Korrosionsschutz aus Zementstein (Bild 11-7). Die Zementsteinüberdeckung des Stahlzuggliedes muß zwischen den Abstandhaltern mindestens 15 mm betragen; die Abstandhalter selbst sollen einen Ringraum von mindestens 20 mm Weite vorgeben. Der maximale Abstand der Abstandhalter voneinander beträgt 200 cm.

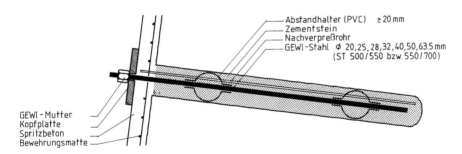

Bild 11-7 Temporärbodennagel mit einfachem Korrosionsschutz

- **Dauerbodennägel**
Dauerbodennägel müssen werksmäßig vorgefertigt werden. Das Stahlzugglied wird auf der gesamten Länge in ein geripptes Kunststoffrohr (Wanddicke mindestens 1 mm) eingebaut und der Zwischenraum zwischen Stahl und Rohr vollständig mit Zementsuspension (Mörtel nach DIN 4227-5) verfüllt. Dazu werden die Nägel auf einer geneigten Montagebank vom unteren Ende her verpreßt, bis die Suspension oben austritt. Der Ringraum zwischen Stahl und Hüllrohr muß mindestens 5 mm weit sein (Bild 11-8). Der ins Bohrloch eingebaute Nagel muß mindestens 10 mm Überdeckung haben.

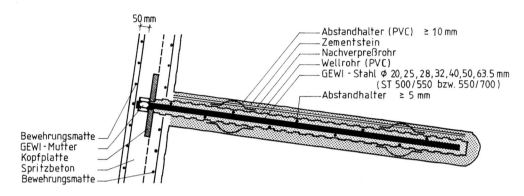

Bild 11-8   Dauerbodennagel mit doppeltem Korrosionsschutz

11.6   Herstellung, Transport, Lagerung und Einbau der Nägel

Nägel für den temporären Einsatz werden entweder im Werk oder auf der Baustelle mit den Abstandhaltern und ggf. mit Nachverpreßrohren versehen. Für die Lagerung gelten die gleichen Anforderungen wie für Verpreßanker: Die Zugglieder müssen sauber gehalten werden und dürfen beim Einbau allenfalls unschädlichen Flugrost aufweisen.

Dauerbodennägel werden zweckmäßig bereits bei der Herstellung des inneren Korrosionsschutzes im Werk auf der Transportunterlage (z. B. Spundbohlen) befestigt. Sie dürfen beim Transport keine Biegung erfahren, und das Hüllrohr darf nicht verletzt werden.

Der Einbau der Nägel erfolgt meist durch Einschieben in ein bereits mit Zementsuspension gefülltes Bohrloch, wobei das Bohrloch in kohäsiven standfesten Böden unverrohrt hergestellt werden kann. Wenn dies in Ausnahmefällen wirtschaftlich ist, kann an das Zugglied ein Injektionsschlauch gebunden und das Bohrloch erst nach dem Einbau des Nagels von der Bohrlochsohle her verfüllt werden. Um eine vollständige Verfüllung des Bohrloches zu erreichen, sollte eine Mindestneigung von 10° gegen die Horizontale nicht unterschritten werden. Nachverpressungen von Nägeln mindern zwar die Wirtschaftlichkeit des Verfahrens, sind aber üblich. Dabei ist zu beachten, daß die Nachverpreßstellen in dem Bereich angeordnet werden, der beim Nachweis der Standsicherheit bergseits hinter der Gleitfläche liegt. Bei der Nagelherstellung wird normalerweise keine Primärverpressung wie bei Ankern durchgeführt. Deshalb sollte auch in nichtbindigen Böden der Wasserzementfaktor unter 0,5 liegen.

Nach dem Aufbringen des Spritzbetons wird die Kopfplatte auf den noch nicht abgebundenen Beton aufgelegt und mit der Mutter handfest fixiert. Dadurch wird eine satte Auflagerung erreicht. Bei Dauernägeln muß auch der Kopfbereich gegen Korrosion geschützt werden. Dies geschieht bei gewünschter glatter Wandoberfläche durch das Aufbringen einer zweiten Lage Spritzbeton. Sie muß die Stahlteile des Nagelkopfes mindestens um 50 mm überdecken. Eine andere Möglichkeit besteht darin, daß lediglich die Nagelköpfe mit „Höckern" aus Beton übersprizt werden und dadurch die erforderliche Betondeckung hergestellt wird.

Bild 11-9 Temporärbodennägel

Bild 11-10 Dauerbodennägel

Bei Dauerverankerungen sollte in jedem Fall luftseitig über den Nagelköpfen eine zweite Bewehrungslage angeordnet werden, auch wenn sie statisch nicht erforderlich ist. Sie verhindert eine unkontrollierte Rißbildung in der Spritzbetonschale. Auch beim Aufspritzen von Höckern über den Nagelköpfen sollte dort eine Matte eingelegt werden.

11.7 Prüfungen an Nägeln

Durch Probebelastungen muß bei Vernagelungen überprüft werden, ob die Gebrauchskraft F_W bzw. die angenommene Mantelreibung mit 2-facher Sicherheit in den Boden eingebracht werden kann. Dies bereitet versuchstechnisch mitunter Schwierigkeiten, da die Zugversuche normalerweise an Bauwerksnägeln durchgeführt werden, die auf der ganzen Länge kraftschlüssig mit dem umgebenden Boden verbunden sind. Die Mantelreibung wird aber in der statischen Berechnung nur auf dem bergseits der Gleitfläche liegenden Nagelabschnitt angesetzt. Es gibt dann zwei Möglichkeiten, die angesetzte Mantelreibung versuchstechnisch zu überprüfen:

a) Wahl eines größeren Stahldurchmessers für die Prüfnägel, um mit der Prüflast noch unter der 0,9-fachen Kraft an der Fließgrenze zu bleiben.
b) Begrenzung der kraftschlüssig mit dem Baugrund verbundenen Länge der Prüfnägel, z. B. durch Freispülen des oberen Nagelabschnitts, Anbringen eines Hüllrohrs o. ä.

Bei der zweitgenannten Möglichkeit sollte die Verbundstrecke nicht kleiner als 4 m gewählt werden. Bei der Herstellung der Prüfnägel muß sorgfältig darauf geachtet werden, daß die Nägel keinen Verbund zur Spritzbetonschale erhalten.

Es sollen mindestens 3 % der Nägel geprüft werden. Beinhaltet die Baumaßnahme weniger als 100 Nägel, so sollen 5 % der Nägel (mindestens jedoch 3 Nägel) geprüft werden. Diese Zahlen gelten pro Bodenart – wenn die Nägel in unterschiedlichen Böden liegen, muß die Anzahl der Prüfnägel erhöht werden.

• **Belastungsregime**
Die Zulassungsbescheide fordern bei den Probebelastungen einen Belastungsanstieg in Schritten von 20 kN bis zur Prüfkraft. Bei der maximalen Prüfkraft müssen die Verschiebungen nach 1, 2, 5, 10 und 15 Minuten aufgezeichnet werden. Es gilt:

$$\Delta s\ (t_{15\ min} - t_{5\ min}) \leq 0,5\ \text{mm} \qquad \rightarrow \text{Prüfung bestanden}$$

$$\Delta s\ (t_{15\ min} - t_{5\ min}) > 0,5\ \text{mm} \qquad \rightarrow \text{Prüfung verlängern, weiterbeobachten, bis}$$

$$\Delta s\ (t_2 - t_1) \leq 1,0\ \text{mm, bei } t_2 = 10\ t_1$$

Bild 11-11 zeigt das Prinzip der Probelastung an einem Nagel, Bild 11-12 die Auftragung der Ergebnisse einer Nagelprüfung (Kraft-Verschiebungsdiagramm) sowie die Kriterien für das Bestehen der Prüfung.

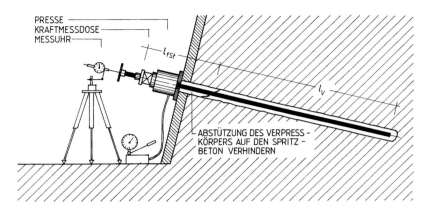

Bild 11-11 Prinzip einer Nagelprobebelastung

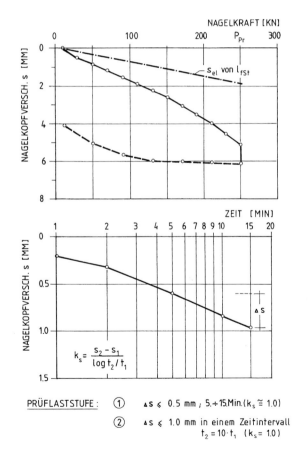

Bild 11-12 Nagelkraft-Kopfverschiebungsdiagramm bei einer Nagelprobebelastung und Prüfkriterien

In dem Glauben, bei Sicherungsmaßnahmen mit Vernagelungen könnten die (bei Maßnahmen mit vorgespannten Verpreßankern immer wieder diskutierten) Nachprüfungen vermieden werden, fällt oft die Entscheidung zugunsten einer Ausführungsvariante mit Nägeln oder Zugpfählen. Bei einer Vernagelung muß natürlich ebenso wie bei einer Verankerung über die Notwendigkeit einer Nachprüfung verantwortlich entschieden werden. Dabei spielen z. B. Korrosionsfragen oder der Ausfall eines Nagels wegen des gutmütigeren Verhaltens der Baustähle und des vernagelten Systems eine untergeordnete Rolle. Im Vordergrund der Entscheidung „Nachprüfung – keine Nachprüfung" stehen Überlegungen zum Verhalten des Gesamtsystems Nägel/Baugrund/bauliche Anlagen im Umfeld der Vernagelung. Eine Nachprüfung wird man deshalb vor allem durch Verformungsmessungen (Extensometer, Inklinometer, geodätische Messungen) vornehmen. Das Messen der Nagelkopfkräfte ist meist wenig aussagefähig, da systembedingt Zugkräfte am Nagelkopf meist nur im unteren Teil der vernagelten Wand auftreten.

Unter besonderen Umständen (z. B. bei aggressiven Stoffen im Baugrund oder Grundwasser) können zusätzliche Nachprüfungen erforderlich werden (Abschnitt 11.2). Dabei können eigens hierfür hergestellte und besonders präparierte Prüfnägel, die von der übrigen Vernagelung konstruktiv getrennt sind, in bestimmten Zeitabständen auf ihre Tragfähigkeit untersucht werden.

11.8   Schadensmöglichkeiten

Es ist den Verfassern bisher kein Fall bekannt geworden, bei dem eine nach den Regeln der Technik ausgeführte Bodenvernagelung versagt hätte. Im Grundsatz besteht die Möglichkeit des Versagens einzelner Nägel bei ungenügendem oder beschädigtem Korrosionsschutz. Durch die niedriglegierten und nicht vorgespannten Stähle besteht nicht die Gefahr der Spannungsrißkorrosion, und eine flächenhafte Abrostung ist bei einem korrosionsgeschützten Nagel nicht möglich. Man darf also davon ausgehen, daß durch Vernagelung stabilisierte Geländesprünge sehr dauerhaft sind. Schwachstelle wäre auch hier (wie bei Verankerungen) der Stahlabschnitt direkt hinter dem Nagelkopf am Übergang zwischen Spritzbetonschale und Verpreßkörper. Herstellungsbedingt spiegelt sich die Zementsuspension am Bohrlochmund ein und erfordert mitunter ein Nacharbeiten vor dem Aufbringen des Spritzbetons, damit ein dichter Anschluß des Spritzbetons an den Verpreßkörper erzielt wird.

Hinsichtlich der Gefährdung durch aggressive Inhaltsstoffe in Boden oder Grundwasser gelten die Überlegungen, die für Verpreßanker in Abschnitt 8.7 angestellt wurden.

Wie bereits in Abschnitt 11.2 erwähnt, erfordern Vernagelungen Böden, die mindestens so kohäsiv sind, daß ungesicherte Teilböschungen von mindestens 0,8 m Höhe herstellbar sind. Die mögliche Abtragshöhe wird, insbesondere wenn örtlich Wasseraustritte auftreten, gelegentlich überschätzt. Es kommt dann zu muschelförmigen Ausbrüchen, deren Plombierung recht aufwendig sein kann (Bild 11-13).

Bild 11-13   Muschelförmiger Ausbruch bei zu hoher ungesicherter Teilböschung

Vernagelungen können weitgehend beliebig an gewünschte Wandformen angepaßt werden. Wie bei verankerten Wänden erfordern in die Baugrube einspringende Ecken auch bei vernagelten Wänden besondere Sorgfalt. Oft wird aber die Bemessung des ebenen Wandprofils auch auf den Eckbereich übertragen, und lediglich das Ineinandergreifen der Nägel konstruktiv durch Änderung der Neigung bzw. der Höhenlage der Ansatzpunkte gelöst. Derart ausgebildete Eckbereiche können durch Herauskippen versagen (Bild 11-14)

Schadensfälle hat es gegeben, wenn sog. Injektionsvernagelungen zur Rutschungsstabilisierung ausgeführt wurden und die Möglichkeiten dieses Verfahrens überschätzt wurden. Auch bei der Sicherung von Baugrubenböschungen mit falsch angeordneten Nägeln sind Schäden eingetreten (Bild 11-15).

Schadensmöglichkeiten gibt es auch bei der Vernagelung der Hinterfüllung alter Stützmauern. Eine Gefährdung des Baustellenpersonals kann bei Arbeiten an alten Naturstein-Stützmauern auftreten. Manche dieser Mauern besitzen eine sehr geringe Standsicherheitsreserve und können ohne Vorwarnung umstürzen, wenn daran gearbeitet wird (Bild 11-16). Solche Mauern müssen unbedingt abgestützt werden, auch wenn dies die Arbeiten erschwert. Die Abstützung sollte als Leistungsposition im Leistungsverzeichnis verankert und nicht in die Baustelleneinrichtung eingerechnet werden, damit sie auch ausgeführt wird.

Bild 11-14
Herausgekippte einspringende Ecke bei einer
Vernagelung

Bild 11-15   Durch falsche Nagelanordnung eingestürzte Baugrubenwand

Bild 11-16
Während der Bohrarbeiten plötzlich eingestürzte
Stützmauer

11.9   Beispiele für Vernagelungen

11.9.1   Vernagelte Baugrubenwand an der B 29 – Umfahrung Schorndorf

Bei der Neutrassierung der Bundesstraße B 29 im Zuge der Umfahrung Schorndorf wurde ein
Tunnel in offener Bauweise erstellt. Für die bergseitige Baugrubenböschung wurde im anstehenden steifen bis halbfesten Keupermergel eine bis zu 18 m hohe vernagelte Wand hergestellt. Wegen einer Geländemulde im mittleren Wandbereich (im Bild 11-17 rechts oben) mußte
der kontinuierliche Wandverlauf unterbrochen und eine einspringende Ecke ausgebildet werden. In diesem Bereich war zusätzlich der Baugrund durch Verwitterung stärker geschwächt;
aufgrund der Muldensituation wurde der Nagelwand auch verstärkt Wasser zugeführt. Im Eck-
bzw. Muldenbereich traten deutlich größere Wandverschiebungen als im übrigen Bereich der
Nagelwand auf. Es kam zu zentimeterbreiten Rissen in der Spritzbetonschale. Die Böschungssicherung wurde deshalb im Bereich der Mulde mit Verpreßankern verstärkt.

11.9.2   Vernagelung eines Hanganschnitts im Glimmerschiefer

Beim Bau der Bundesstraße B 174 (neu) Ortsumgehung Zschopau – Gornau in Sachsen wurde es erforderlich, den Berghang gegenüber den ehemaligen Motorradwerken auf einer Länge
von ca. 380 m und mit einer maximalen Aushubtiefe von 20 m anzuschneiden. Das Gebirge
bestand aus geklüfteten, lokal durch Störungen zerrütteten und angewitterten Gneisglimmer-

Bild 11-17   Baugrubensicherung mit temporären Bodennägeln

schiefern. Die geologische Erkundung ergab Bereiche mit böschungsauswärts in unterschiedlichen Winkeln einfallender Klüftung, die eine aushubbegleitende Sicherung des Hanges notwendig machte. Das Straßenbauamt Chemnitz entschied sich, die Hangstandsicherheit dauerhaft mit Nägeln BSt 555/700 S-GEWI von 63,5 mm Durchmesser (mit doppeltem Korrosionsschutz) herzustellen und die Felsflächen zwischen diesen Nägeln im Bauzustand mit kurzen Felsnägeln Durchmesser 20 mm/25 mm und bewehrtem Spritzbeton gegen kleinere Ausbrüche und Steinschlag zu sichern. Im Endzustand sollte die Böschung im oberen Teil mit einer begrünbaren Futtermauer aus Betonfertigteilen, bestehend aus vertikalen Lisenen und horizontalen Pflanzbrettern, verkleidet und gegen Verwitterung geschützt werden. Die untere Teilböschung wurde mit einer Futtermauer aus Ortbeton verkleidet, die mit Natursteinmauerwerk (Gneis) verblendet wurde.

Die Nägel wurden als Zugpfähle (Verpreßpfähle mit kleinem Durchmesser nach DIN 4128) konzipiert und vertikal so übereinander angeordnet, daß sie zur Verankerung der Lisenen des Fertigteilsystems dienen konnten. Bild 11-18 zeigt einen Schnitt durch die Böschung mit den erforderlichen Sicherungselementen. In Bild 11-19 ist die gesicherte aber noch nicht verkleidete Böschung zu sehen. Um Spritzbeton zu sparen, wurden die Betonstahlmatten nur lokal eingespritzt. Bild 11-20 zeigt die Böschung mit bereits gestellten Lisenen, Bild 11-21 die fertiggestellte Hangsicherung.

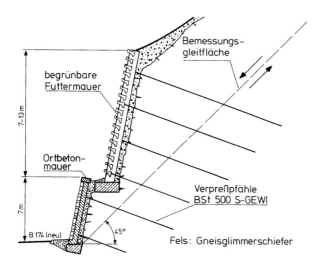

Bild 11-18   Schnitt durch die Böschung und Darstellung der Sicherungselemente (schematisch)

Bild 11-19
Böschungsoberfläche mit Nägeln zur Verankerung
der Lisenen

Bild 11-20
Böschungsoberfläche mit aufgestellten Lisenen

Bild 11-21   Mit Fertigteilen verkleidete vernagelte Böschung

11.9.3   Böschungsvernagelung im Zuge der B 312 bei Reutlingen

Im Zuge des Neubaus der B 312 wurde bei der Ortschaft Sickenhausen ein maximal 17 m tiefer Einschnitt erforderlich. Der Baugrund besteht im Einschnittbereich aus Lößlehm. Darunter folgen geringmächtige verwitterte Schichten des Unteren Lias (Wechsellagerung von Tonen, Tonsteinen, Kalksteinen) und dann die Schluffe und Schluffsteine des Knollenmergels (Keuper), die als Wasserstauer wirken. Insgesamt ergibt diese Schichtenfolge eine äußerst rutschgefährdete Konfiguration. Geplant war zunächst, die Einschnittböschungen mit einer Neigung von 1 : 1,5 frei zu böschen. Wegen der Rutschgefährlichkeit entschloß sich das Straßenbauamt Reutlingen, den unteren Böschungsteil im Knollenmergel mit einer Dauerbodenvernagelung auszuführen, die Böschung darüber so flach wie möglich (Neigung 1 : 1,9) auszubilden und sie zusätzlich durch Sickerstützscheiben zu entwässern. Vor der vernagelten Steilböschung wurde eine Raumgitterwand System Evergreen angeordnet. Größere Böschungsrutsche in den dem Einschnitt benachbarten Streckenabschnitten bestätigten die Richtigkeit des gewählten Sicherungskonzeptes. Bild 11-22 zeigt einen Schnitt mit dem ausgeführten Einschnittprofil. In Bild 11-23 sind die Vernagelungsarbeiten zu sehen, in Bild 11-24 die vernagelte Böschung vor der Errichtung der Raumgitterwand.

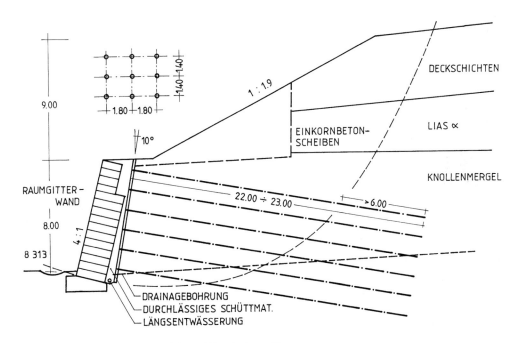

Bild 11-22   Schnitt des ausgeführten Einschnittprofils

Bild 11-23 Vernagelungsarbeiten

Bild 11-24 Vernagelte Böschung vor der Errichtung der Raumgitterwand

12 Berechnung von Vernagelungen

12.1 Statische Berechnung von Vernagelungen mit einer Außenhaut aus Spritzbeton

12.1.1 Nachweis der äußeren Standsicherheit

In den Zulassungsbescheiden des DIfBt sind Bestimmungen für den Entwurf und die Bemessung von Stützmauern nach dem Verfahren Bodenvernagelung enthalten. Die geforderten Nachweise für die sog. äußere Standsicherheit (das ist die Sicherheit gegen Versagen des Gesamtsystems) sind in Bild 12-1 dargestellt.

Für diese Nachweise wird der vernagelte Bodenkörper einschließlich der Außenhaut behandelt, als bestehe er aus einem starren („monolithischen") Körper. Auf diesen gedachten Stütz-

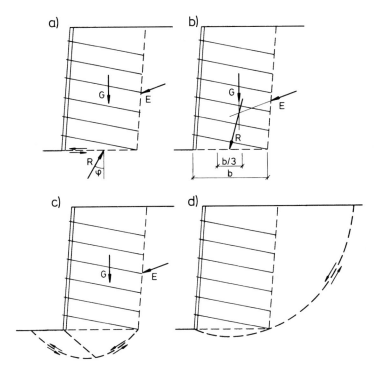

Bild 12-1 Nachweise der äußeren Standsicherheit (mit Sicherheitsbeiwerten)
    a) Nachweis der Gleitsicherheit (DIN 1054, $\eta \geq 1{,}5$)
    b) Nachweis der Kippsicherheit (DIN 1054, Resultierende im Kern der Sohlfuge)
    c) Nachweis der Grundbruchsicherheit (DIN 4017, $\eta \geq 2{,}0$)
    d) Nachweis der Geländebruchsicherheit (DIN 4084, $\eta \geq 1{,}4/1{,}3$)

körper wirken das Eigengewicht, Reibungs- und Kohäsionskräfte, Geländeauflasten, der Erddruck und ggf. weitere äußere Lasten ein. Der bewehrte Bodenkörper verhält sich natürlich nicht starr – insofern sind einige der genannten Nachweise eher formaler Natur und können bei bestimmten Randbedingungen entfallen (z. B. der Grundbruchnachweis bei offensichtlich tragfähigem Untergrund). Die Nachweise werden in der in den genannten Normen beschriebenen Weise und mit den dort angegebenen Sicherheitsbeiwerten geführt.

Weiterhin fordern die Zulassungsbescheide die Untersuchung von Zweikörper-Bruchmechanismen („Gleitkörperuntersuchungen") für die maßgebenden Bauzustände und den Endzustand (Bild 12-2). Dabei wirkt ein Erdkeil (1), der den aktiven Erddruck hervorbringt, hinter dem vernagelten Bodenkörper (2) und versucht, diesen auf einer unter dem Winkel ϑ gegen die Horizontale geneigten ebenen Gleitfläche zur Luftseite zu schieben. Die durch die Gleitfläche stoßenden Nägel verankern den Körper (2) im rückwärtigen Gebirge. Der Gleitflächenwinkel ϑ, bei dem die größten Nagelkräfte zur Herstellung des Grenzgleichgewichts erforderlich sind (er wird für die Nagelbemessung maßgebend), ist theoretisch nicht bestimmbar. Er muß durch Variation von ϑ, also durch Probieren, gefunden werden. In der Regel reicht es aus, 3 bis 4 Winkel für ϑ zu untersuchen. Zweckmäßig wählt man als Ausgangspunkte der zu untersuchenden Gleitlinien jeweils den vorderen Fußpunkt der Mauer und die erdseitigen Nagelenden. Die erdstatische Analyse kann numerisch oder grafisch erfolgen. Bild 12-2 zeigt ein Beispiel für die grafische Ermittlung der Nagelkraft im Grenzzustand.

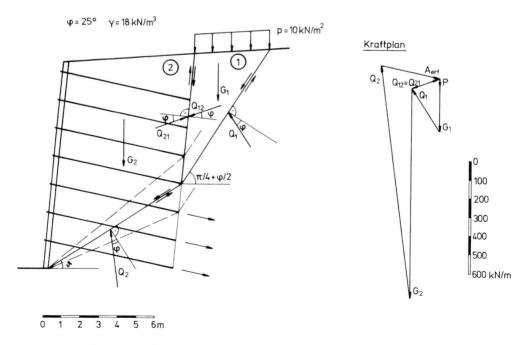

Bild 12-2   Grafische Ermittlung der für Grenzgleichgewicht erforderlichen Nagelkraft mit einem Zweikörper-Bruchmechanismus

Die außerhalb des Gleitkörpers liegenden Nagelabschnitte müssen mit einer vorgegebenen bodenmechanischen Sicherheit das Abrutschen des Gleitkörpers durch ihre Mantelreibung verhindern. Die Sicherheitsdefinition ist also:

$$\eta = \frac{\text{widerstehende Lasten}}{\text{einwirkende Lasten}} = \frac{\text{im Boden aktivierbare Mantelreibung}}{\text{im Grenzzustand erforderliche Mantelreibung}}$$

Die im Boden aktivierbare Mantelreibung muß in der Regel durch Zugversuche an Probe-nägeln ermittelt werden. Es wird gefordert:

$\eta \geq 2{,}0$ (Lastfall 1 nach DIN 1054 Abs. 2.2, Endzustand)

$\eta \geq 1{,}5$ (Lastfall 2 nach DIN 1054 Abs. 2.2, Zwischenbauzustände)

Die Bestimmungen der Zulassungsbescheide lassen auch einen Nachweis nach der Fellenius-Regel zu. Bei dieser Sicherheitsdefinition wird der Tangens des Reibungswinkels, der in den Standsicherheitsberechnungen verwendet wird (der also in der Regel vom Bodengutachter angegeben wurde), dem Tangens desjenigen Reibungswinkels gegenübergestellt, der für Grenzgleichgewicht mindestens erforderlich ist. Es ist also:

$$\eta_r = \frac{\tan cal\ \varphi}{\tan erf\ \varphi}$$

Gefordert werden bei Verwendung dieser Sicherheitsdefinition folgende Sicherheiten:

$\eta \geq 1{,}4$ (Lastfall 1 nach DIN 1054 Abs. 2.2)

$\eta \geq 1{,}3$ (Lastfall 2 nach DIN 1054 Abs. 2.2)

Nimmt man einen Zweikörper-Bruchmechanismus und vergleicht ihn mit dem (theoretischen) Versagen einer vernagelten Böschung auf einer kreisförmigen Gleitfläche, so erkennt man, daß sich beide Mechanismen kaum voneinander unterscheiden. Es ist daher grundsätzlich auch möglich, die am Markt befindlichen Programme zur Berechnung der Gelände-bruchsicherheit für die Dimensionierung von Vernagelungen heranzuziehen, sofern sie die Berücksichtigung von Ankerkräften/Nagelkräften ermöglichen.

12.1.2   Bemessung der Nägel

Die Nägel müssen so dimensioniert werden, daß für die maximale aus den Standsicherheits-berechnungen erhaltene Nagelkraft ein Sicherheitsbeiwert von $\eta = 1{,}75$ gegen die Fließgrenze β_S des (üblicherweise verwendeten) GEWI-Stahls eingehalten wird. Für andere Stähle gilt der gleiche Sicherheitsbeiwert. Bei der Verwendung von Zuggliedern aus Glasfasern gibt es keinen festgelegten Sicherheitsfaktor. Die Autoren empfehlen, für diese Zugglieder den Faktor $\eta = 2{,}0$ gegen die Bruchgrenze zu verwenden.

12.1.3   Bemessung der Außenhaut aus Spritzbeton

Die Nägel bewirken eine Verminderung des Erddrucks auf die Außenhaut. Für die Bemessung der Spritzbetonschale darf deshalb als Belastung der 0,85-fache aktive Erddruck angesetzt werden. Kohäsion des Bodens darf nicht erddruckmindernd in Rechnung gebracht werden; der Wandreibungswinkel auf der Rückseite der Außenhaut ist mit $\delta = 0$ anzusetzen. Die Erddruckfigur darf in ein flächengleiches Rechteck umgewandelt werden (Bild 12-3).

Die Bemessung der Spritzbetonschale erfolgt nach DIN 1045 als an den Nagelköpfen gestützte Platte. Der Nachweis der Teilflächenpressung (Abschnitt 17.3 DIN 1045) und der Nachweis gegen Durchstanzen der Nagelköpfe (Abschnitt 22.5 DIN 1045) muß nach den Zulassungsbescheiden ebenfalls geführt werden.

Die Bemessung der Außenhaut nach den genannten Kriterien führt bei temporären Vernagelungen und kohäsiven Böden oft zu unwirtschaftlichen Spritzbetonmengen. Im Einzelfall kann man deshalb Überlegungen dazu anstellen, ob z. B. ein Durchstanznachweis Sinn macht, wenn die Außenhaut offensichtlich gar keinen Erddruck erhält (z. B. bei der Vernagelung stark ko-

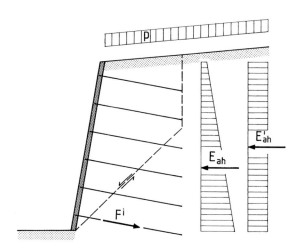

BEMESSUNG DER SPRITZBETONSCHALE AUF BIEGUNG UND DURCHSTANZEN DER KOPFPLATTE NACH DIN 1045:

1. E_{ah} aus γ, φ mit $c = 0$ und $\delta = 0$
      Reduzierung von E_{ah} um 15% $\longrightarrow$ $E'_{ah} = 0.85 \cdot E_{ah}$
      rechteckförmige Verteilung von E'_{ah}

2.   Lastanteil des maximal belasteten Nagels

      a. $F = b \cdot E'_{ah} / n$ n Anzahl der Nagelreihen
                                      b horizontaler Nagelabstand

      b. F^i = max F aus Gleitkörperbetrachtung

          größerer Wert ist maßgebend

Bild 12-3   Erddruckansatz auf die Außenhaut

häsiver oder felsartiger Böden). Auch der Nachweis der Rißbreitenbeschränkung macht bei temporären Vernagelungen nur in Ausnahmefällen Sinn.

12.2 Nachweis der Standsicherheit bei der Vernagelung alter Stützmauern aus Naturstein

12.2.1 Allgemeines

Bei praktisch allen alten Stützmauern handelt es sich im erdstatischen Sinne um Schwergewichtsmauern. Stützmauern aus behauenen oder unbehauenen Steinen wurden gebaut, seitdem Menschen seßhaft geworden sind. Ihr Bau war immer mühsam und teuer, denn Steine und Erde sind schwer, und zu ihrem Antransport und zum Bau selbst stand bis zum Anfang dieses Jahrhunderts nur die Muskelkraft von Tieren und Menschen zur Verfügung. Deswegen wurde bei nahezu allen alten Stützmauern ein Minimalprinzip eingehalten. Den Erfahrungen ihrer Erbauer folgend wurden die Mauern mit möglichst wenig Steinmaterial nur so stark gebaut, daß sie dem Erddruck eben standhalten konnten. Belastungen aus Wasserdruck wurden in der Regel durch eine sorgfältige Dränierung der Mauern und der Hinterfüllung ausgeschlossen. Meist wurden die Mauern mit Steinen erbaut, die in der näheren Umgebung gewonnen werden konnten, und mit Mörtel wurde sparsam umgegangen.

Wie jedes Bauwerk unterliegen Stützmauern aus Natursteinen einer Alterung und erfahren damit im Laufe der Zeit eine Verringerung der Standsicherheit. In manchen Fällen verwittern die Bausteine selbst. Häufiger hat der verwendete Mörtel seine Festigkeit verloren und die Fugen sind geleert. In den Mauern hat sich Aufwuchs aus Sträuchern und nicht selten Bäumen festgesetzt und führt zu Sprengungen des Steinverbandes. Die alten Entwässerungsmöglichkeiten sind durch Einschwemmungen von Erde oder Pflanzenwuchs oft verstopft, so daß die Mauern bei starken Regenfällen zusätzlich zum Erddruck einen Wasserdruck erfahren. Oftmals hat auch der Erddruck seit der Errichtung durch Verwitterungsvorgänge in der Hinterfüllung zugenommen. Alle diese Einflüsse führen, oft zusammen mit den jahreszeitlich auftretenden Frosteinwirkungen, zu einer Verringerung der (meist ohnehin nicht großen) Standsicherheit, zu Mauerverformungen und gelegentlich zum Einsturz der Mauern, der in der Regel durch Kippversagen eintritt.

Die Bodenvernagelung hat sich seit ihrer Einführung in die Baupraxis vor ca. 20 Jahren als ausgezeichnetes Verfahren zur Verbesserung der Standsicherheit historischer Stützmauern erwiesen. In die Mauern und deren Hinterfüllung werden Bodennägel eingebaut, die wie bei der konventionellen Bodenvernagelung mit Spritzbetonschale eine Bewehrung des Hinterfüllbodens bilden und die Erddruckkräfte teilweise von der Rückwand der Mauern fernhalten. Das Raster der Bodennägel, also der horizontale und vertikale Abstand der Nagelköpfe in der Mauer, wird oft nach den Vorgaben der Zulassungsbescheide gewählt. Daraus ergibt sich eine Nageldichte von ca. 1 Nagel/2,0–2,5 m². Zwingend erforderlich ist die Einhaltung dieser Nageldichte jedoch nicht. Sie kann also auch etwas größer oder kleiner gewählt werden, je nach Zustand und Geometrie der Altmauer. Die Stabilisierung alter Stützmauern ist nicht bauauf-

sichtlich geregelt, und die Zulassungsbescheide des DIBt für das Bauverfahren Bodenvernagelung gehen auf die Sanierung alter Mauern nicht ein.

Ein wichtiges Teilziel bei den meisten Altmauersanierungen ist es, das Erscheinungsbild der
Mauern, insbesondere die sog. Steinsichtigkeit und das Fugenbild, möglichst unverändert zu
erhalten. Deshalb werden die Nagelköpfe in der Mauer verborgen. Dazu wird dort, wo die
Nägel gebohrt werden sollen, die Mauer geöffnet. Die Steine an der Oberfläche werden aus-
gebaut und zum späteren Wiedereinbau sorgfältig aufgehoben. Für die Aufnahme der
Nagelkopfkräfte wird entweder ein kleines Widerlager aus Beton in die Mauer eingebaut,
oder es werden die Kopfplatten der Nägel auf größere in der Mauer vorhandene Steine und ein
Mörtelbett aufgesetzt. Welche Lösung man wählt, hängt vom Zustand der Mauer und der Art
und Größe der zum Bau der Mauer verwendeten Steine ab. Ein rechnerischer Nachweis der
Kraftüberleitung vom Nagelkopf in das Mauerwerk ist in der Regel auf der Grundlage des
bestehenden technischen Regelwerkes (DIN 1053) kaum zu führen, denn das Altmauerwerk
(Steine und Mörtel) paßt meist in dieses Regelwerk nicht hinein, und die tatsächlichen
Nagelkopfkräfte sind nicht bekannt. Weil die Altmauern auch vor der Standsicherheitserhöhung
durch Vernagelung der Hinterfüllung eine Standsicherheit hatten, die größer als $\eta = 1,0$ war
(sonst wären sie vorher umgefallen!), sind die Nagelkopfkräfte auf jeden Fall zunächst sehr
klein und werden auch im Verlauf der weiteren Lebensdauer der sanierten Mauer kaum so
groß, wie es die bodenmechanische Theorie erwarten läßt.

Die Vorgehensweise bei der Ertüchtigung der Mauersubstanz ist bei allen mit der Altmauer-
sanierung befaßten Firmen nahezu gleich. Die Mauern werden zunächst sorgfältig von Aufwuchs befreit, und lose Fugenfüllungen mechanisch oder unter Verwendung von Luft- oder
Wasserstrahlen möglichst tiefreichend entfernt. Dann werden die Mauern mit geeigneten Mörteln, häufig unter Verwendung von Traßzement, neu verfugt. Eine maschinelle Verfugung mit
Hilfe geeigneter Spritzmaschinen ist einer Verfugung von Hand wegen der besseren kraft-
schlüssigen Verfüllung der Fugen vorzuziehen. Durch das Spritzen werden auch die Steinoberflächen mit Mörtel bedeckt. Nach dem Verfugen muß die Steinsichtigkeit der Mauern wieder hergestellt werden, bevor der Mörtel abbindet. Das erfolgt in Handarbeit unter Verwendung
von Wasser und geeigneten Bürsten. Die Reinigung muß ggf. mehrfach während des Abbindens
des Mörtels wiederholt werden, um Zementschleier auf den Steinoberflächen zu entfernen.

Wenn das Mauerinnere Hohlräume aufweist, kann vorsichtig Zementsuspension injiziert werden, um die Mauersubstanz zu festigen. Dazu werden Löcher von 10–50 mm Durchmesser in
die Mauerfront gebohrt. In die Löcher werden zur Injektion Packer gesetzt, die später wieder
ausgebaut werden können. Das Raster der Injektionslöcher und die Tiefe der Bohrlöcher rich-
ten sich nach dem Zustand und der Dicke der Mauer und insbesondere nach der Art und Größe
der Hohlräume. Die Injektion erfolgt mit geringen Drücken, damit die Mauer keinen Schaden
nimmt und die Fugenfüllungen an der Mauervorderseite nicht herausgedrückt werden. Die
Menge des erforderlichen Injektionsgutes ist oft schwer vorauszusagen, da Teile davon auch
in die gelegentlich sehr durchlässige Hinterfüllung eindringen können. Allgemein gilt, daß
die Suspension nur in Hohlräume eindringen kann. Eine Verfestigung alten entfestigten Mörtels ist mit Zementsuspension nicht möglich. Gelegentlich werden in die Verpreßlöcher vor
dem Abbinden des Mörtels noch Stahlstäbe („Nadeln") eingeschoben, um einen Bewehrungs-
effekt zu erzielen.

12.2.2   Nachweis der äußeren Standsicherheit

Es macht in der Regel keinen Sinn, bei der Vernagelung der Hinterfüllung alter Stützmauern aus Naturstein die Bestimmungen der Zulassungsbescheide anzuwenden, also z. B. Zweikörper-Bruchmechanismen zu untersuchen. Es wurde bereits erwähnt, daß solche Mauern in der Mehrzahl der Fälle durch Kippen versagen; oft ist am Versagen auch die entfestigte Mauersubstanz mitbeteiligt. Eine einfache und den bodenmechanischen Sachverhalten meist Rechnung tragende Methode für die Bestimmung der erforderlichen Nagellängen, Nagelraster und Nageldurchmesser besteht darin, den Bodenkeil des aktiven Erddruckes als Belastung auf die Mauerrückseite anzusetzen und an ihm eine Kräfteabschätzung durchzuführen. Bild 12-4 zeigt dieses Vorgehen.

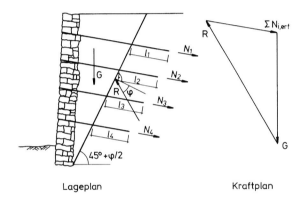

Lageplan   Kraftplan

1) $d_N \cdot \pi \cdot \Sigma l_i \cdot \tau_{grenz} \geqq 2 \cdot \Sigma N_i$

2) $\Sigma N_i \leqq \dfrac{n \cdot F_N \cdot \beta_s}{1{,}75}$

d_N = Verpreßkörper - ∅
n = Nagelanzahl
F_N = Stahlquerschnitt eines Nagels
β_s = Streckgrenze des Zuggliedes

Bild 12-4   Ermittlung der erforderlichen Nagelkräfte bei der Ertüchtigung von Altmauern

12.2.3   Bemessung der Nägel

Die Bemessung der Nägel sollte sich an den Bestimmungen der Zulassungsbescheide orientieren. Es ist also eine rechnerische Sicherheit von $\eta = 1{,}75$ gegen die Fließgrenze des Stahls einzuhalten. Es ist (auch im Sinne des Grundprinzips der Bodenvernagelung) insbesondere bei sehr maroden Altmauern sinnvoll, die Hinterfüllung durch Wahl eines engen Nagelrasters zu bewehren und die Nageldurchmesser eher klein zu wählen.

12.2.4   Nachweis der Einleitung der Nagelkopfkräfte in die Mauern

Der rechnerische Nachweis der Einleitung der Nagelkopfkräfte in die oft nicht sehr gut erhaltenen Mauern stellt ein theoretisches Problem dar. Die Werte der DIN 1053 Teil 1 (z. B. die Werte der Tabelle 14 für die zulässigen Druckspannungen) können auf Altmauern nicht angewandt werden, wenn es um die Einleitung konzentrierter Lasten mehr oder weniger senkrecht zur Mauer geht. Anders als bei Mauerwerk für Wände ist die Aufnahme von Druckkräften in der Mauerebene nicht Hauptaufgabe einer Stützmauer. Die DIN 1053 T. 1 behandelt Rezeptmauerwerk, das mehr oder weniger vertikal belastet wird. Altmauerwerk aus Natursteinen paßt nur selten in die Definition der Norm, und es läßt sich auch kaum so ertüchtigen (durch Neuverfugen, Injizieren von Hohlräumen etc.), daß es danach der Norm genügen würde. Deshalb ist bei diesem Detail für die Lösung der kritische Ingenieurverstand gefragt. Es hat sich gezeigt, daß die Einleitung der wirklich vorhandenen Nagelkopfkräfte in die Altmauern über Schubverbund und relativ kleine Kopfplatten (meist quadratische Stahlplatten von 15–20 cm Seitenlänge und 1–2 cm Dicke) ausreicht, um die Mauern dauerhaft durch Vernagelung zu stabilisieren (natürlich darf man das Nagelraster nicht zu weit wählen). Es ist den Autoren bisher kein Fall bekannt geworden, bei dem eine mit Bodenvernagelung sanierte Mauer wieder Schäden erfahren hätte, weil die Nagelkopfkräfte in der Wand nicht aufgenommen werden konnten. Dafür gibt es eine Reihe plausibler Gründe:

– Die wirklichen Nagelkopfkräfte sind und bleiben wesentlich kleiner als diejenigen, die man aus der erdstatischen Berechnung erhält.
– Die Nägel wirken als eine Art Bodenbewehrung, die einen Teil des Erddrucks aufnimmt.
– Die Hinterfüllung ist oft scherfester als in den Berechnungen angenommen.

Wenn Zweifel an der Aufnehmbarkeit der Nagelkräfte im Mauerwerk bestehen, bleibt die Möglichkeit von Probebelastungen („Bauteilversuchen"). Sie stellen eine zuverlässige und ingenieurgerechte Methode dar, um Klarheit über die Tragfähigkeit des Systems Nagelkopf/Mauer zu erhalten.

12.3   Vernagelung von rutschgefährdeten Böschungen

12.3.1   Vernagelung mit Nägeln oder Zugpfählen

Die Vernagelung von rutschgefährdeten Hängen und Böschungen unter Verzicht auf Kopfplatten oder Spritzbetonschalen bietet sich als Stabilisierungsmethode an, wenn die Geländeobefläche frei von störenden Konstruktionselementen bleiben soll. Das ist z. B. in Weinbergen der Fall, wo die Bearbeitung des Bodens mit seilgezogenen Pflügen etc. Hindernisfreiheit verlangt. Voraussetzung für den erfolgreichen Einsatz ist es, daß die (potentielle oder bereits aktivierte) Gleitfläche der Lage nach bekannt ist, und daß der zu sichernde Gleitkörper sich wie ein starrer Körper verhält. Bei der Mehrzahl der Rutschungen in Sedimentgesteinen ist dies, zumindest zu Beginn der Rutschbewegung, der Fall. Man kann dann den Gleitkörper mit dem festen Untergrund durch im Raster bis unter die Gleitfuge eingebrachte Nägel verbinden. Die Nägel enden unter der Geländeoberfläche; sie übertragen die Haltekraft über

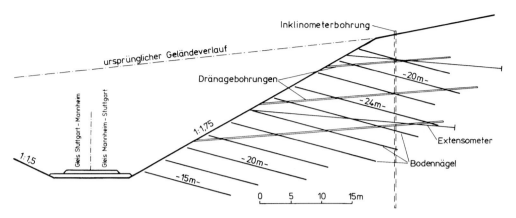

Bild 12-5 Böschungssicherung mit flächenhafter Vernagelung [39]

Mantelreibung in den Rutschkörper. Bild 12-5 zeigt das Prinzip dieser Methode. Sie wurde nach dem Wissen der Autoren erstmals bei der Stabilisierung eines Hanges an der Neubaustrecke Mannheim-Stuttgart der Bundesbahn im Jahre 1988 angewendet [39].

Für die Berechnung der erforderlichen Haltekräfte ist eine erdstatische Analyse für den Grenzzustand erforderlich. Darin müssen alle Parameter, die auf die Standsicherheit Einfluß nehmen (Lage der Gleitfuge(n), Scherfestigkeit in der Gleitfuge, Hangwasserspiegel usw.) so lange variiert werden, bis für die wahrscheinlichste Parameterkombination das Grenzgleichgewicht erreicht wird. Als sehr gut verwendbar dazu haben sich grafische Verfahren erwiesen. In einem charakteristischen Schnitt werden die am Gleitkörper wirkenden Kräfte eingetragen (Lageplan). Dann wird ein Kraftplan gezeichnet, in den die Kräfte der Größe (soweit bekannt) und der Richtung nach übernommen werden. Im Grenzgleichgewicht muß der Kraftplan geschlossen sein. Eine gebräuchliche Sicherheitsdefinition stellt dann z. B. die haltenden und treibenden Kräfte in der Gleitfuge (nur die Anteile in Gleitfugenrichtung) einander gegenüber, wobei die haltenden Kräfte den Anteil aus den Nägeln enthalten, die die Gleitfuge durchstoßen:

$$\eta = \frac{\text{haltende Kräfte in der Gleitfuge im Grenzzustand} + \text{Nagelkräfte}}{\text{treibende Kräfte in der Gleitfuge im Grenzzustand}}$$

Die Vernagelung von Böschungen wird in den bauaufsichtlichen Zulassungen für das Bauverfahren Bodenvernagelung nicht behandelt. Grundsätzlich können, wenn der Bruchmechanismus bekannt ist, anstelle von bauaufsichtlich zugelassenen Bodennägeln auch Kleinverpreßpfähle nach DIN 4128 eingesetzt werden. In diesem Fall gelten die Sicherheitsbeiwerte nach Tabelle 2 dieser Norm (Tabelle 12-1). Wenn die am Bau Beteiligten sich einig sind und eine sorgsame Überwachung und Prüfung der Pfähle erfolgt, kann nach der Ansicht der Autoren auch bei Pfählen, die eine größere Abweichung als 45° zur Vertikalen haben, mit $\eta = 2{,}0$ gerechnet werden. Da inzwischen alle Stähle der GEWI-Reihe als Bodennägel zugelassen sind (für die eine bodenmechanisch erforderliche Sicherheit von $\eta = 2{,}0$ unabhängig von der Neigung gilt), ist dies aber nur von Belang, wenn als Zugglieder keine GEWI-Stähle verwendet werden sollen.

Tabelle 12-1 Tabelle 2 der DIN 4128: Sicherheitsbeiwerte η für Verpreßpfähle

Verpreßpfähle als		η bei Lastfall nach DIN 1054		
		LF 1	LF 2	LF 3
Druckpfähle		2,0	1,75	1,5
Zugpfähle mit	0 bis 45° Abweichung zur Vertikalen	2,0	1,75	1,5
	80° Abweichung zur Vertikalen	3,0	2,5	2,0
Bei Zugpfählen sind die Werte zwischen 45° und 80° zu interpolieren				

12.3.2 Vernagelung mit gleichzeitiger Stabilisierungsinjektion („Injektionsvernagelung", „Injektionsverdübelung")

Seit etwa 25 Jahren wird von einigen Firmen in Deutschland ein Verfahren zur Sicherung und Sanierung von Böschungen und Hängen angeboten, das häufig als „Injektionsvernagelung" oder „Injektionsverdübelung" bezeichnet wird (Bild 12-6). Dabei werden Stahlrohre von 1,5 oder 2 Zoll Durchmesser zunächst im Abstand von ca. 50 cm längs geschlitzt und dann in Bohrlöcher eingebracht (gelegentlich werden sie auch eingerammt). Die Bohrlöcher werden mit einem Betonkragen versehen. Danach wird durch die Rohre Zementsuspension in das Bohrloch und, falls die Bodenverhältnisse dies ermöglichen, ins Gebirge eingebracht. Ein Druckaufbau ist dabei nur begrenzt möglich. Die Injektion soll das Gebirge verfestigen. Die Rohre verbleiben im Bohrloch und sollen als Nägel oder Dübel dienen, wenn sie die Gleitfuge durchstoßen haben. Um die aufnehmbare Kraft zu erhöhen und einen gewissen Mindest-korrosionsschutz zu erzielen, werden gelegentlich vor dem Erhärten der Zementsuspension noch Stabstähle in die Rohre eingebracht.

Das Verfahren wird in Deutschland, der Schweiz und Österreich gern zur Sanierung von Rutschungen an Verkehrswegen angewandt. Wegen der geringen Größe der erforderlichen Geräte kann es auch in schwierigem Gelände eingesetzt werden. Allerdings ist ein rechnerischer Nachweis der Stabilisierungswirkung schwierig, da die Wirkung des eingebrachten Injektionsgutes sich nicht quantifizieren läßt. Die Haltewirkung der Rohre selbst läßt sich abschätzen. Sie ist, z. B. im Vergleich zur Haltewirkung von Dübeln aus Stahlbeton, gering. Hinzu kommt, daß häufig die Richtung der Rohre falsch gewählt wird – aus bohrtechnischen Gründen werden sie senkrecht eingebaut (Bild 12-7). Sie werden dann bei der Verschiebung des Rutschkörpers zunächst nicht auf Zug belastet, sondern auf Abscheren. Zur Aufnahme von Scherbelastungen sind sie aber wenig geeignet. Erst bei größeren Verschiebungen beginnt ihre Haltewirkung auf Zug. Wenn der Winkel zwischen Gleitfläche und Nagel kleiner als 90° ist, hängt sich das Erdreich in der Umgebung am Nagel auf. Derart angeordnete Nägel wirken zunächst sogar entlastend auf die Gleitfläche und damit ungünstig, weil die Reibungskräfte in der Gleitfläche verringert werden.

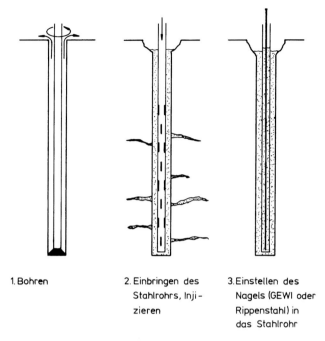

1. Bohren

2. Einbringen des
   Stahlrohrs, Inji-
   zieren

3. Einstellen des
   Nagels (GEWI oder
   Rippenstahl) in
   das Stahlrohr

Bild 12-6 Verfahrensschritte bei der Ausführung einer Injektionsvernagelung

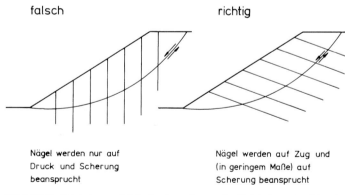

falsch

richtig

Nägel werden nur auf
Druck und Scherung
beansprucht

Nägel werden auf Zug und
(in geringem Maße) auf
Scherung beansprucht

Bild 12-7 Richtige und falsche Anordnung der Injektionsnägel in einer Rutschung

OTTO-GRAF-INSTITUT, UNIVERSITÄT STUTTGART

FORSCHUNGS- UND MATERIALPRÜFUNGSANSTALT FÜR DAS BAUWESEN (FMPA)

Baustoffe
Bindemittel, Mörtel; Betontechnologie
Keramik, Mauerwerk, Dämmstoffe
Holz, Holzwerkstoffe, Holzbau, Holzschutz
Brandverhalten; Brandschutz

Baukonstruktionen
Massivbau
Metallbau, Schweisstechnik, Spannverfahren
Fassaden, Leichtbaukonstruktionen
Befestigungstechnik; Glasbau, Klebetechnik
Gerüstbau
Längenmesstechnik, DKD-Kalibrierstelle

Bauchemie und Bautenschutz
Organische und Anorganische Chemie
Umweltschutz, Analytik
Erhaltung und Instandsetzung historischer Bauwerke
Bautenschutz, Organische Beschichtungen
Korrosion und Korrosionsschutz

Geotechnik
Straßenbau, Deponietechnik
Baugrunduntersuchungen, Spezialtiefbau
Felsmechanik, Felsbau, Messtechnik
Abdichtungstechnik, Asphalttechnologie
Sportböden, Sportstättenbau

Informationen: Prof. Dr.-Ing. H.-W. Reinhardt • Pfaffenwaldring 4 • 70560 Stuttgart
Tel.: 0711/685-3323 • Fax: 0711/685-7681 • e-mail: reinhardt@iwb.uni-stuttgart.de • www.fmpa.de

13 Zugpfähle

13.1 Zugpfähle aus Stabstählen mit aufgerolltem Gewinde

Bei der Entwicklung des Bauverfahrens Bodenvernagelung war zunächst nicht daran gedacht, als Nägel auch Stahlstäbe mit Durchmessern über 28 mm einzusetzen. So enthalten die ersten Zulassungsbescheide des DIfBt auch nur die GEWI-Durchmesser bis 28 mm. Bei der Vernagelung hoher Geländesprünge und Böschungen machen die vergleichsweise geringen aufnehmbaren Kräfte dieser kleinen Durchmesser das Verfahren teuer. Deshalb wurden bei einer Anzahl solcher Maßnahmen die GEWI-Durchmesser 32 mm, 40 mm, 50 mm und 63,5 mm eingesetzt. Sie waren zum Zeitpunkt der ersten Maßnahmen (um das Jahr 1986) noch nicht in den Zulassungsbescheiden für das Verfahren Bodenvernagelung enthalten, sondern die Tragglieder entsprachen lediglich DIN 4128 – Verpreßpfähle mit kleinem Durchmesser.

Wenn insbesondere bei Sicherungsmaßnahmen in Fels und felsartigen Böden der Bruchmechanismus durch die Gefügerichtungen vorgegeben ist, darf man die Bemessung wie die bei einer üblichen Verankerungsmaßnahme durchführen, d. h. man ermittelt mit einer felsstatischen Analyse die erforderliche Ankerkraft und weist diese den gewählten Zuggliedern zu. Dann kann es aber sehr vorteilhaft sein, anstelle vorgespannter Verpreßanker aus hochlegierten und empfindlichen Spannstählen die größeren Durchmesser der GEWI-Reihe einzusetzen. Sie kommen in ihrer Tragkraft den Einstabankern und den gängigen Litzenankern gleich. Bei Korrosionsangriff verhalten sie sich gutmütiger als Verpreßanker. Wenn man Abstriche bei der rechnerischen Ausnutzung des Stahlquerschnitts macht, dürfen die Tragglieder sogar für dauernde Zwecke ohne doppelten Korrosionschutz eingebaut werden. Grund für die geforderte zusätzliche Abminderung der zulässigen Stahlspannung bei Verzicht auf das Ripprohr ist die Forderung nach der Begrenzung der Rißweite im Verpreßkörper. Die zulässige Stahlspannung beträgt deshalb in diesen Fällen nur noch 165 N/mm^2. Der Verzicht auf das zusätzliche Ripprohr kann aber Vorteile bei der Wahl des Bohrdurchmessers bringen; außerdem sind die nicht umhüllten Tragglieder beim Transport und beim Einbau völlig unempfindlich. Die zulässigen Gebrauchslasten der Zugpfähle sind in Tabelle 13-1 zusammengestellt.

Tabelle 13-1 Gebrauchslasten für GEWI-Verpreßpfähle in Abhängigkeit vom Korrosionsschutz

Tragglieddurchmesser (mm)	32	40	50	63,5
zul. Pfahlkraft bei Temporärmaßnahmen (≤ 2 Jahre), einfacher Korrosionsschutz (kN)	230	359	561	1004
zul. Pfahlkraft bei Dauermaßnahmen (> 2 Jahre), einfacher Korrosionsschutz (kN)	133	207	324	523
zul. Pfahlkraft bei Dauermaßnahmen (> 2 Jahre), doppelter Korrosionsschutz (kN)	230	359	561	1004

Die Herstellung von Druckpfählen für vorübergehende Zwecke wird wohl eher selten (z. B. für die Gründung von Lehrgerüsten) vorkommen. Die Bemessung nach DIN 4128 unterscheidet sich von der Bemessung nach den Zulassungsbescheiden für das Bauverfahren Bodenvernagelung; es gelten zudem andere Sicherheitsbeiwerte, die in Tabelle 2 der Norm (siehe Tabelle 12-1) aufgelistet sind.

Die nach der Norm geforderten hohen Sicherheitsbeiwerte zwischen 2,0 und 3,0 für Pfähle, die flacher als unter 45° eingebaut werden, sind der Sache nach nicht gerechtfertigt, denn sonst müßte man diese Werte auch in den Zulassungsbescheiden für Vernagelungen fordern. Die Festlegungen stammen noch aus der Zeit, als die Verankerungen und Vernagelungen neue Bauverfahren darstellten. Man sollte, wenn man Geländesprünge mit Verpreßpfählen sichern und diese nach DIN 4128 behandeln will, versuchen, auch für Pfahlrichtungen zwischen 45 und 80° zur Vertikalen den Sicherheitsbeiwert $\eta = 2{,}0$ zu vereinbaren.

Für den Einsatz von Pfählen mit einfachem Korrosionsschutz gelten hinsichtlich der erforderlichen Betondeckung die Werte der Tabelle 1 aus DIN 4128 (Tabelle 13-2). Die Tabellenwerte in Spalte 4 dürfen bei GEWI-Pfählen in der Regel um 10 mm vermindert werden, weil der Verpreßkörper aus Zementmörtel bzw. Zementsuspension hergestellt wird. Wenn die Pfähle einen doppelten Korrosionsschutz erhalten, beträgt die erforderliche Zementsteinüberdeckung um das Ripprohr 10 mm (in Anlehnung an die Zulassungsbescheide für Dauernägel). Ein derart geringer Wert dürfte allerdings baupraktisch kaum umsetzbar sein.

Tabelle 13-2   Tabelle 1 DIN 4128: Mindestmaße der Betondeckung der Bewehrung bzw. des Stahltraggliedes

Zeile	Aggressivitätsgrad		Betondeckung[1),5)] in mm (Werte in Klammern gelten für GEWI-Stähle)
	Betonangriff nach DIN 4030	Zulässige Stahlaggressivität nach DVGW-Arbeitsblatt GW 9	
1	nicht angreifend		30 (20)
2	nicht angreifend, jedoch mit einem Sulfatgehalt, der nach DIN 4030 als schwach angreifend klassifiziert ist	aggressiv, schwach aggressiv oder praktisch nicht aggressiv[4)]	30[2)] (20)
3	schwach angreifend		35[3)] (20)
4	stark angreifend		45[3)] (30)

[1)] Die Werte gelten für Beton; bei Verwendung von Zementmörtel dürfen die Werte um 10 mm vermindert werden.

[2)] Zur Herstellung des Pfahlschaftes ist ein HS-Zement zu verwenden.

[3)] Die Pfähle dürfen nur dann eingesetzt werden, wenn durch ein Gutachten eines Sachverständigen in Fragen der Stahl- und Betonkorrosion bestätigt wird, daß das Dauertragverhalten durch zeitabhängige Verminderung der Mantelreibung nicht beeinträchtigt wird. Anstelle der Erhöhung der Betondeckung dürfen im Bereich außerhalb der Krafteintragungslänge andere Schutzmaßnahmen getroffen werden (siehe DIN 1045, Ausgabe Dezember 1978, Abschnitt 13.3, die Betondeckung muß jedoch mindestens Tabelle 1, Zeile 1 entsprechen.

[4)] Bei Verpreßpfählen für vorübergehende Zwecke dürfen die Pfähle auch in gegenüber Stahl stark aggressiven Böden eingebaut werden, wenn von einem Sachverständigen nachgewiesen wird, daß das Tragverhalten nicht beeinträchtigt wird.

[5)] Bei Pfählen für vorübergehende Zwecke dürfen die Werte um 10 mm verringert werden.

Tabelle 13-3   Pfahlkräfte und Mindestbohrlochdurchmesser

Zugglieddurchmesser (mm)	32	40	50	63,5
zul. Pfahlkraft bei doppeltem Korrosionsschutz und Mindestbohrlochdurchmesser	230 kN/ ⌀ 76 mm	359/ ⌀ 85 mm	561/ ⌀ 100 mm	1004/ ⌀ 120 mm
zul Pfahlkraft bei einfachem Korrosionsschutz und Mindestbohrlochdurchmesser	133 kN/ ⌀ 76 mm	207 kN/ ⌀ 85 mm	324/ ⌀ 96 mm	523/ ⌀ 109 mm

Um einen schnellen Vergleich der erforderlichen Bohrdurchmesser in Abhängigkeit von der Zementsteinüberdeckung des Stahlzuggliedes zu ermöglichen, sind in der Tabelle 13-3 die Tragglieddurchmesser, die zulässigen Pfahlkräfte und die Bohrlochmindestdurchmesser beim Dauereinsatz in nicht aggressiven Böden zusammengestellt (unter Berücksichtigung der Einbauteile).

Bei den angegebenen Mindestdurchmessern muß jedoch beachtet werden, daß das zum Einbau vormontierte Stahlzugglied auch in das (u. U. verrohrte) Bohrloch eingeschoben werden kann. Maßgebend kann also auch der Innendurchmesser der Verrohrung werden.

13.2 Rammpfähle aus Stahlprofilen (RV-Pfähle, MV-Pfähle)

Der Vollständigkeit halber werden diese Pfähle, die aus handelsüblichen Walzstahlprofilen bestehen, hier mit aufgeführt. Historisch gesehen sind nicht verpreßte gerammte Pfähle aus Profilstahl sehr viel älter als die Anker oder die Verpreßpfähle mit kleinem Durchmesser nach DIN 4128. Sie wurden bereits bei den Hafenbauten um die vorletzte Jahrhundertwende eingesetzt und werden auch heute noch beim Bau von Ufersicherungen benutzt.

Verpreßte Stahlrammpfähle (RV-Pfähle) werden in Deutschland seit Mitte der 50er Jahre des vergangenen Jahrhunderts ausgeführt. Sie wurden meist im Verkehrswasserbau unter dem Namen MV-Pfahl (Verpreßpfahl System Müller-Völker) als Zugpfähle, aber auch als Druckpfähle, eingebaut.

Der Schaft der Pfähle besteht aus einem offenen oder geschlossenen Stahlprofil. Am unteren Ende des Pfahlschaftes ist ein mit einer Schneide versehener, nach oben offener Pfahlschuh angeschweißt. Beim Einrammen wird der Boden durch den Pfahlschuh verdrängt, und in den sich bildenden Hohlraum wird kontinuierlich Zementmörtel eingepreßt. Im Bereich der tragenden Bodenschicht wird der Verpreßdruck auf 5–10 bar gesteigert und dadurch ein kraftschlüssiger Verbund mit dem umliegenden Baugrund hergestellt. Das Verpressen des Zementmörtels erfolgt bei offenen Stahlprofilen durch ein zusätzlich angeordnetes Verpreßrohr, bei Pfahlschäften aus Stahlrohr über das Innere des Rohres. Der Mörtel tritt über dem Pfahlschuh aus. Die innere Tragfähigkeit des Pfahles wird durch die Wahl des Stahlprofiles für den Pfahlschaft bestimmt, wobei auch bei Druckpfählen in der Regel nur der Stahlquerschnitt angesetzt wird.

Entsprechend dem verwendeten Stahlprofil können sehr große Kräfte übertragen werden. Die äußere Tragfähigkeit ergibt sich aus der aktivierbaren Mantelreibung zwischen „Verpreßkörper" und Baugrund. Durch die beim Verpreßvorgang erreichte innige Verzahnung mit dem umliegenden Baugrund werden relativ große Mantelreibungswerte erreicht. Auf der Grundlage einer großen Anzahl von Probebelastungen, die von den Verfassern durchgeführt wurden, kann für Vorbemessungen von folgenden Richtwerten für die Grenzmantelreibung τ_{gr} ausgegangen werden (Pfahlschuhgrößen 20×20 bis 30×30 cm):

Tabelle 13-4   Grenzmantelreibungswerte für MV-Pfähle

Bodenart	Grenzmantelreibung (MN/m^2)
tonige Schluffe, mindestens halbfest	0,05–0,10
Sande, mitteldicht	0,10–0,15
Sande, dicht	0,10–0,25
Kiese, mitteldicht	0,10–0,20
Kiese, dicht	0,15–0,30

Bild 13-1   Fußausbildung bei einem MV-Pfahl

13.3   Rüttel-Injektionspfähle (RI-Pfähle)

Eine Weiterentwicklung der RV-Pfähle und MV-Pfähle sind die Rüttel-Injektionspfähle (RI-Pfähle). Die Funktion des aufwendigen Pfahlschuhes bei den MV-Pfählen wird bei RI-Pfählen durch Flacheisen wahrgenommen, die auf den Pfahlschaft am unteren Ende aufgeschweißt werden. Durch die Flacheisen wird ein Überschnitt von ca. 2 cm bewirkt, in den beim Eintreiben des Pfahles kontinuierlich Zementsuspension eingepreßt wird. Die Profile werden eingerüttelt oder einvibriert, oder sie werden mit Schnellschlaghämmern gerammt. Die erreichbare Mantelreibung ist derjenigen bei MV-Pfählen vergleichbar. Als Umfang wird angesetzt:

$$U = 2\ (b + 2\ \ddot{u}) + 2\ (h + 2\ \ddot{u})$$

b = Profilbreite
h = Profilhöhe
$\ddot{u}$ = Überschnitt

Da bei Zugpfählen in der Regel eine aus statischen Gründen erforderliche Solltiefe erreicht werden muß (z. B. zum Nachweis der Standsicherheit in der tiefen Gleitfuge, oder zum Nachweis des mobilisierten Bodengewichtes bei Auftriebssicherungen), können RV-Pfähle und RI-Pfähle nur dort eingesetzt werden, wo diese Solltiefe mit Rammen oder Rütteln auch tat-

Bild 13-2   Fußausbildung bei einem RI-Pfahl

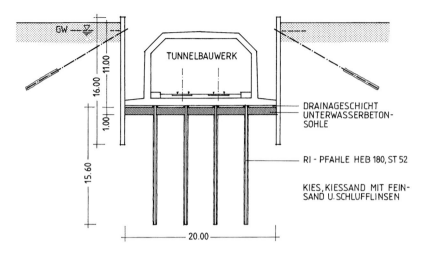

Bild 13-3 Systemquerschnitt Tunnel Forst der NBS Mannheim – Stuttgart

sächlich erreicht werden kann. In sehr dicht gelagerten nichtbindigen Böden, festen bindigen Böden oder beim Vorhandensein von Rammhindernissen können mit diesen Pfählen Schwierigkeiten auftreten.

Während MV-Pfähle heute eher selten noch bei Uferbefestigungen und im Hafenbau eingesetzt werden, werden RI-Pfähle insbesondere bei der Auftriebssicherung von Unterwasserbetonsohlen häufig verwendet. Erstmals wurden sie bei der Auftriebssicherung der Baugrube für den Tunnel Forst der Neubaustrecke Mannhein-Stuttgart der Bahn zu Beginn der 80er Jahre des vergangenen Jahrhunderts eingesetzt. Dort wurden für die Unterquerung der Bundesautobahn A 5 zwei Trogstrecken (Rampen) sowie ein Tunnel in offener Bauweise mit einer Gesamtlänge von ca. 3200 m hergestellt. Der Baugrubenaushub erfolgte im Schutz einer einfach verankerten Spundwand bis auf das Niveau der Sohle der späteren Unterwasserbetonsohle. Danach wurden von einem Ponton aus die RI-Pfähle (HEB 180, St 52 – l = 15 m) in den Baugrund unter der Sohle eingerüttelt. Im Anschluß erfolgte das Einbringen der UW-Betonsohle und die Errichtung des Tunnelbauwerkes.

13.4   Soiljet-GEWI-Pfähle

Die Entwicklung der Soiljet-GEWI-Pfähle erfolgte in den letzten Jahren im Zusammenhang mit den in neuerer Zeit immer häufiger ausgeführten hochliegenden Dichtungssohlen mit dem HDI-Verfahren (Soiljet-Verfahren, Düsenstrahlverfahren). Es war naheliegend zu versuchen, mit dem Verfahren und den Geräten zur Herstellung der Dichtungssohle auch die Zugpfähle für die Herstellung der Auftriebssicherung einzubringen. Bei dem Verfahren wird mit dem Drehbohrgerät mit durchgehendem langen HDI-Gestänge ein Bohrloch hergestellt, wobei beim Abteufen durch die Hochdrückdüsen Zementsuspension in den Baugrund gedüst und der Bo-

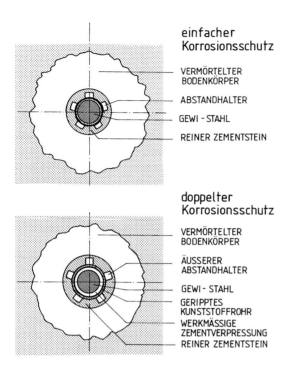

einfacher
Korrosionsschutz

VERMÖRTELTER
BODENKÖRPER

ABSTANDHALTER

GEWI - STAHL

REINER ZEMENTSTEIN

doppelter
Korrosionsschutz

VERMÖRTELTER
BODENKÖRPER

ÄUSSERER
ABSTANDHALTER

GEWI - STAHL

GERIPPTES
KUNSTSTOFFROHR

WERKMÄSSIGE
ZEMENTVERPRESSUNG

REINER ZEMENTSTEIN

Bild 13-4 Querschnitt durch einen Soiljet-GEWI-Pfahl

den vermörtelt wird. Das überschüssige Zement-Bodengemisch tritt am Bohrlochmund aus. Der angestrebte Durchmesser der vermörtelten Bodensäule beträgt ca. 0,3 m. Nach Erreichen der Solltiefe des Pfahles wird das Gestänge wieder gezogen und der von der Bohrkrone freigegebene Raum durch Zementsuspension mit einem kleinem w/z-Faktor ($w/z < 0,7$) im Kontraktorverfahren verfüllt. In das Zentrum der Säule, das von dieser Suspension gebildet wird, wird dann ein mit Abstandhaltern versehener GEWI-Stahl (∅ 32, 40, 50 oder 63,5 mm) eingestellt. Durch die innige Verzahnung der vermörtelten Säule mit dem umliegenden Baugrund, und bedingt auch durch den relativ großen Außendurchmesser der Säule, können große Zugkräfte übertragen werden. Maßgebend für die Tragkraft wird deshalb meist die Zugfestigkeit des Stahls. Das Stahlzugglied kann ohne oder mit geripptem Kunststoffrohr in die HDI-Säule eingestellt werden (einfacher oder doppelter Korrosionschutz). Erfahrungen liegen mit dem Soiljet-GEWI-Verfahren bisher hauptsächlich bei der Anwendung in nichtbindigem Baugrund vor (tiefe Baugruben in Berlin, Baugrube für die Schleuse Uelzen II).

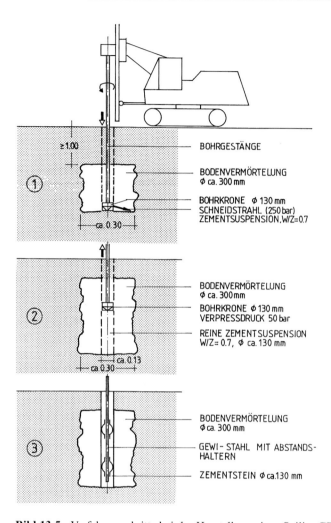

Bild 13-5 Verfahrensschritte bei der Herstellung eines Soiljet-GEWI-Pfahls

14 Anker und Nägel im Tunnel- und Bergbau

14.1 Allgemeines

Im Tunnel- und Bergbau werden gemeinhin alle in Bohrlöchern normal zur Ausbruchlaibung in das Gebirge eingebauten stabförmigen Stabilisierungselemente als Anker bezeichnet. Im mechanischen Sinne werden diese Anker oft sowohl auf Zug wie auf Abscheren beansprucht, wirken also auch als Nägel oder Dübel. Man spricht gelegentlich auch von Felsbolzen (englisch: „rock bolts"). Gebirgsanker werden in der Regel nicht vorgespannt. Bei auf der ganzen Länge mit dem Gebirge verbundenen Ankern macht eine Vorspannung auch keinen Sinn. Wenn eine Freispielstrecke vorhanden ist, wird die Vorspannung durch das Anziehen der Kopfmutter erzeugt – die erzielbaren Vorspannkräfte sind mit dieser Methode nicht sehr groß. Gebirgsanker sind wichtige Sicherungsmittel bei modernen Tunnelbauten, die in Europa seit dem Beginn der 70er Jahre praktisch ausnahmslos mit der Spritzbetonbauweise (auch **N**eue **Ö**sterreichische **T**unnelbauweise – NÖT – genannt) aufgefahren werden.

Gebirgsanker für temporäre Zwecke benötigen meist keinen besonderen Korrosionsschutz. Da in Deutschland im Verkehrstunnelbau in der Regel eine zweischalige Bauweise gewählt wird, werden die Sicherungselemente der Außenschale, zu denen auch die Anker gehören, bei der Dimensionierung der Innenschale nicht berücksichtigt. Man rechnet die Innenschale (bewehrt oder unbewehrt) so, als seien Spritzbeton, Stahlbögen, Betonstahlmatten und Anker der Sicherung nicht vorhanden. Mit der zweischaligen Bauweise verbunden ist ein hoher Qualitätsstandard der Tunnelbauten, der den Tunnelbau in Deutschland aber sehr teuer macht. In anderen Ländern (z. B. der Schweiz) ist man sparsamer, was nicht zuletzt auch durch die zahlreicheren Tunnelbauten erzwungen wird. Die einschalige Bauweise verlangt, daß auch die zugehörigen und für den Vortrieb erforderlichen Gebirgsanker langfristig widerstandsfähig gegen Korrosion sind. Anker aus kunststoffgebundenen Glasfasern sind deshalb außerhalb Deutschlands gebräuchlicher als hierzulande.

Wenn die Gebirgsanker in statischen Berechnungen dauerhaft für die Übernahme von Kräften vorgesehen sind, muß in der Konsequenz dem Korrosionsschutz die gleiche Aufmerksamkeit zukommen wie in anderen Bereichen des Grundbaus. Bei Zuggliedern aus Stahl muß eine Mindestüberdeckung durch den Zementstein gewährleistet sein, und die Köpfe müssen einen Korrosionsschutz erhalten. Ganz allgemein sollten dann die in den Zulassungsbescheiden des Deutschen Instituts für Bautechnik verlangten Standards für Daueranker und Bodennägel oder die Festlegungen der DIN 4128 (Verpreßpfähle mit kleinem Durchmesser) gelten.

Bei den Gebirgsankern des Bergbaus steht die Dauerhaftigkeit meist nicht im Zentrum der Anforderungen. Häufig müssen diese Anker große Verformungen ertragen können, ohne ihre Funktion einzubüßen. Auch die Zerspanbarkeit kann eine Rolle spielen, wenn Strecken z. B. überfirstet werden. Bei Bergschlaggefahr spielt die Kerbschlagzähigkeit eine Rolle. Deshalb werden Anker für den Bereich des Bergbaus oft aus speziellen Stählen gefertigt; auch Anker aus Glasfasern sind im deutschen Steinkohlenbergbau seit langem gebräuchlich.

Gebirgsanker sind in der DIN 21 521 – Gebirgsanker für den Bergbau und den Tunnelbau – beschrieben [40]. Der Teil 1 enthält Begriffe und Benennungen, Teil 2 behandelt Anforderungen und mögliche Prüfungen. Der Einsatz von Gebirgsankern ist in Deutschland nicht allgemein bauaufsichtlich geregelt. Im Steinkohlenbergbau wird für ihren Einsatz aber eine Zulassung der Bergbehörde verlangt.

14.2 Bauarten von Gebirgsankern

14.2.1 Kunstharzklebeanker

Kunstharzklebeanker werden durch schnell erhärtende Kunstharze mit dem Gebirge verbunden. Die Harze (meist Epoxidharze) werden in zwei Komponenten geliefert und härten im Bohrloch aus, nachdem die beiden Komponenten gemischt wurden. Es gibt zwei Arten der Einbringung. Die beiden Komponenten können getrennt in Glaspatronen in das Bohrloch eingebracht werden. Beim Setzen des Ankers werden die Glaspatronen zerstört, und die beiden Komponenten werden durch Eindrehen des Ankers miteinander vermischt. Damit das Mischen vollständig geschieht, müssen Stabdurchmesser und Bohrlochdurchmesser aufeinander abgestimmt sein. Die Mischmöglichkeit wird bei dieser Art der Einbringung durch die Bohrlochtiefe begrenzt. Bei mehr als ca. 3 m Bohrtiefe kann es zu Problemen kommen.

Bei größeren Ankerzahlen und tieferen Bohrlöchern werden die Harzkomponenten mit speziellen Mischern außerhalb des Bohrlochs gemischt und dann in das Bohrloch eingebracht. Zweckmäßig ist es dabei, wenn das Zugglied als Rohr ausgebildet ist. Das Harz kann dann bis zur Sohle des Bohrlochs durch das Rohr gepreßt werden und füllt das Bohrloch „von unten" her gut aus. Dazu muß es bei nach oben gebohrten Ankern eine ausreichende Zähigkeit haben. Harze, geeignete Verarbeitungsgeräte und Ankerkopfteile werden in der Regel von den Herstellern/Lieferanten der Anker als System angeboten.

Kunstharzklebeanker lassen sich bei Bedarf, wie andere Anker auch, als Freispielanker ausbilden und vorspannen. Auch das nachträgliche Verpressen der Freispiellänge (Blockieren) ist möglich. Dadurch läßt sich bei Zuggliedern aus Stahl auch in der Freispiellänge ein Korrosionsschutz erzielen. Die Begrenzung der Haftstrecke (Klebestrecke) kann man durch ein auf das Zugglied aufgebrachtes Absperrstück oder Gleitstück erreichen. Dadurch wird vor allem die Wahl eines wirtschaftlichen Bohrlochdurchmessers zusammen mit der Begrenzung des Harzverbrauchs möglich.

Im Sinne der Definitionen der DIN 21 521 T. 1 sind Kunstharzklebeanker zu den Mörtelankern zu rechnen. Bild 14-1 zeigt das Prinzip der Einbringung eines Kunstharzklebeankers.

14.2.2 Spreizhülsenanker

Spreizhülsenanker besitzen am gebirgsseitigen Ende des Ankerschaftes Spreizelemente. Die Spreizelemente, meist konische oder keilförmige Bauteile ähnlich den Spreizelementen von

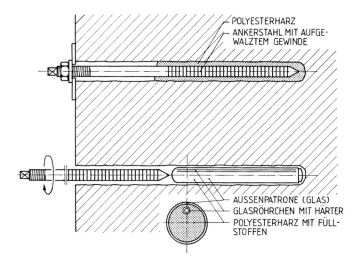

Bild 14-1 Prinzip der Einbringung eines Kunstharzklebeankers

Spreizdübeln, pressen sich bei Zugbelastung gegen die Bohrlochwand und verankern so den Anker im Gebirge (Bild 14-2). Spreizhülsenanker sind sofort nach dem Setzen belastbar. Sie erfordern jedoch eine Mindestfestigkeit des Gesteins, damit die Spreizkräfte von der Bohrlochwand ohne Bruch aufgenommen werden können.

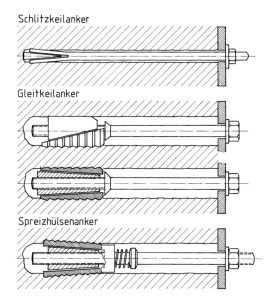

Bild 14-2 Prinzip eines Spreizhülsenankers

Spreizköpfe, bestehend aus Spreizhülse und Konus, gibt es z. B. für die Reihe der GEWI-Stähle bis Durchmesser 32 mm.

14.2.3 Zementmörtelanker

Zementmörtelanker werden in der Praxis auch als SN-Anker (nach dem ersten Einsatzort bei den Kraftwerksbauten in Store-Norfors in den 30er Jahren des vergangenen Jahrhunderts) bezeichnet. Sie werden meist unter Verwendung von schnell abbindenden Mörteln hergestellt und sind auf der ganzen Länge mit dem Gebirge kraftschlüssig verbunden. Bild 14-3 zeigt das Prinzip der Herstellung verschiedener Typen dieser Anker.

Die Zugglieder von Zementmörtelankern sind meist entweder gerippte Baustähle oder Baustähle mit warm aufgerolltem durchgehenden Grobgewinde (GEWI-Stähle). Auf die erstgenannten Zugglieder wird am Kopfende ein Gewinde geschnitten, damit Kopfplatte und Kopf-

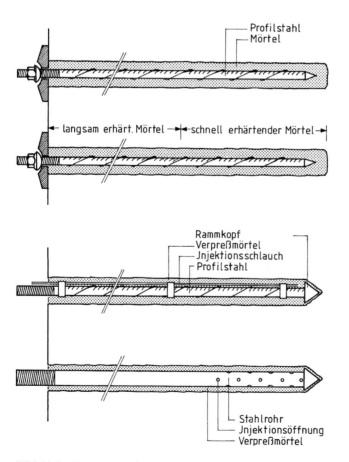

Bild 14-3   Zementmörtelanker (SN-Anker, Injektionsanker, Perfoanker)

mutter montiert werden können. GEWI-Stähle können an jeder Stelle gekappt, gekoppelt oder mit einer Kopfplatte versehen werden, sind aber teurer als gerippte Stähle. Weil die Ankerlängen im Tunnelbau meist nach den Ausbruchs- und Sicherungsklassen standardisiert sind und sehr viele Anker eingebaut werden, kann sich der zusätzliche Aufwand für das Schneiden der Gewinde lohnen.

Je nach dem verwendeten Mörtel können die Anker bereits nach wenigen Stunden Kraft übernehmen. Sie sind kostengünstig und vielseitig einsetzbar. Im Tunnelbau sind sie eines der wichtigsten Sicherungsmittel während des Vortriebs.

14.2.4   Expansionsanker „Swellex"

Von Atlas Copco wurde ein Gebirgsanker entwickelt, der aus einem Stahlrohr von 3 mm Wandstärke besteht. Das kreisrunde Rohr wird durch Walzen in einen Querschnitt von der Form eines griechischen Omega überführt und in diesem Zustand in das Bohrloch eingeschoben. An beiden Enden wird es vorher durch aufgeschweißte Stutzen verschlossen. Im Bohrloch wird das Rohr durch Wasser unter hohem Druck (ca. 300 bar) aufgebläht und an die Bohrlochwand gepreßt. Es paßt sich dabei den Unebenheiten der Bohrlochwand an und bildet mit dem Gebirge eine formschlüssige, sofort belastbare Verbindung. Im Sinne der Definitionen der DIN 21 521 T. 1 ist der Expansionsanker „Swellex" ein Reibrohranker.

Der Anker wird in verschiedenen Längen angeboten Die Tragkraft beträgt je nach Gebirge und Ankerlänge bis zu ca. 200 kN.

14.3   Zugglieder von Gebirgsankern

14.3.1   Zugglieder aus Stahl

Grundsätzlich eignen sich alle gerippten oder in anderer Weise oberflächenstrukturierten Baustähle (und auch Spannstähle) für den Einsatz als Gebirgsanker. Praktisch ist es, wenn die Stähle ein durchgehendes Außengewinde besitzen und dadurch an beliebiger Stelle abgeschnitten oder gekoppelt werden können. Voraussetzung ist das Gewinde jedoch nicht. Bei großen Stückzahlen mit gleichen Längen (etwa bei großen Verkehrstunneln) lohnt sich ein Kostenvergleich zwischen (zum Beispiel) GEWI-Stählen und gerippten Betonstabstählen. Für die Zugglieder kommen von den GEWI-Stählen vornehmlich die Durchmesser 16 bis 32 mm zum Einsatz. Die Firma DYWIDAG-SYSTEMS INTERNATIONAL (DSI) bietet unter der Bezeichnung Dywidag Felsbolzen folgende Durchmesser und Stahlgüten für Gebirgsanker an:

Tabelle 14-1 Felsbolzen der DSI/DYWIDAG-SYSTEMS INTERNATIONAL

Zugglied	Stahlgüte β_s/β_z	Nenn-durchmesser	Querschnitts-fläche	Max. Außen-durchmesser	Ankerkraft an der Streckgrenze	Ankerkraft an der Bruchgrenze
	(N/mm^2)	(mm)	(mm^2)	(mm)	(kN)	(kN)
GEWI-Stab mit Linksgewinde	500/550	16	201	18	101	111
		20	314	23	157	173
		25	491	28	246	270
		28	616	32	308	339
		32	804	36	402	442
GEWI-Stab mit Rechtsgewinde	450/700	16	207	18	93	145
Spannstahl mit Rechtsgewinde	835/1030	26,5	552	31	461	569
		32	804	36	671	828
	900/1100 WR	15	177	18	159	195

Die Firma Willich Fosroc GmbH (Dortmund) bietet unter der Bezeichnung WIBOLT SN-Anker die in der Tabelle 14-2 zusammengestellten Stabdurchmesser an:

Tabelle 14-2 SN-Anker der Willich Fosroc GmbH

Stab-durchmesser	Stab-querschnitt	Ankerkraft an der Streckgrenze	Ankerkraft an der Bruchgrenze	Kopf-gewinde	Max. Scherkraft nach DIN 21521 T. 2
(mm)	(mm^2)	(kN)	(kN)		(kN)
18	254	120	140	103	93
20	314	150	170	104	113
22	380	190	210	M 22	140
25	490	240	270	M 26	180
28	615	310	340	M 27	226
32	803	400	440	M 33	293
40	1256	630	690	M 42	460
50	1963	980	1080	M 52	720

Neben den Stabstählen mit Vollquerschnitt sind selbstbohrende Injektionsanker (Rohranker) mit aufgerolltem Außengewinde gebräuchlich (z. B. das System WIBOREX der Willich Fosroc GmbH oder die MAI-Anker der DYWIDAG-Systems International). Die technischen Daten einiger dieser Anker sind in Abschnitt 11.4 bei den Bodennägeln aufgelistet (ohne Anspruch auf Vollzähligkeit), da sie auch für Kurzzeit-Bodenvernagelungen Verwendung finden.

14.3.2   Gebirgsanker aus kunststoffgebundenen Glasfasern

Glasfaser-Verbundstäbe haben als Bauteile für Gebirgsanker etwa seit der Mitte der 80er Jahre Bedeutung erlangt. Sie bestehen aus parallelen Glasfasern, die in einer Matrix aus Kunstharz (Polyester- oder Epoxidharz) eingebettet sind. Der Glasanteil am Gesamtvolumen beträgt bei den meisten Produkten ca. 75 %. Die Glasseide wird nach dem Ziehen zu Spinnfäden gebündelt und zu Rovingsträngen zusammengefaßt. Die Zugfestigkeit des Einzelfadens mit einem Durchmesser von 9–15 μm liegt bei 3500 N/mm^2. Das fertige Produkt besitzt Dichten um 1,9 t/m^3 und Zugfestigkeiten um 1000 N/mm^2. Der E-Modul liegt bei 45 000 N/mm^2.

Die häufige Bezeichnung der Zugglieder als „glasfaserverstärkter Kunststoff (GFK)" ist irreführend. Es steht nicht die Verstärkung des Kunststoffes durch die eingelegten Glasfasern im Ziel der Entwicklung, sondern die Glasfasern selbst sind die wesentlichen Konstruktionsteile. Das Harz dient dazu, die Fasern zu schützen und das Endprodukt – den Glasfaserstab – handhabbar zu machen.

Glasfaserstäbe besitzen gegenüber Stahlstäben eine Reihe von Vorteilen, denen natürlich auch Nachteile gegenüberstehen. Bei gleicher Zugkraft sind Glasfaserstäbe vor allem deutlich teurer als Stahlstäbe. Die Vorteile sind (oder können sein):

–   Korrosionsbeständigkeit
–   Zerspanbarkeit
–   Biegbarkeit
–   geringes Gewicht

Nachteilig ist, daß die Stäbe auf Querdruck empfindlich sind, und es deshalb konstruktiv nicht leicht ist, örtlich (z. B. am Ankerkopf) hohe Kräfte einzuleiten. Es gibt zwar spezielle patentierte Gewinde, die das Glasfaserbündel bei Belastung über die Mutter unter gleichmäßigen Druck setzen. Auch Stäbe mit vor dem Aushärten der Kunstharzmatrix aufgerolltem Gewinde sind erhältlich (Weidmann, Dyckerhoff). Meist liegt die Bruchlast der Stäbe aber deutlich über der Bruchlast der Kopfteile.

Die Industrie bietet eine Vielzahl von Ankersystemen aus Glasfasern an. Es gibt (z. B. von der Fa. Weidmann) Ankerstäbe mit Vollquerschnitt, Rohranker, Rohranker mit Selbstbohrkrone und Bündelanker mit mehreren Einzelstäben. Grundsätzlich ist es möglich, den Verbund zwischen Ankerstab und Gebirge durch Zementsuspension oder -mörtel herzustellen. Bessere Verbundeigenschaften erzielt man bei Glasfaserankern durch Verwendung von Epoxidharzen, die auf der Baustelle in zwei Komponenten verarbeitet werden. Bild 14-4 zeigt den Kopf eines Glasfaserankers, Bild 14-5 Anker vor dem Einbau.

Bild 14-4
Kopf eines Glasfaserankers (bei einem Zugversuch)

Bild 14-5 Glasfaseranker vor dem Einbau

Die Tabellen 14-3 und 14-4 geben eine Übersicht über einige am Markt befindliche Ankertypen und ihre technischen Daten (ohne Anspruch auf Vollständigkeit).

Tabelle 14-3 Technische Daten von Zuggliedern für Klebeanker aus Glasfaserstäben,
System Weidmann

Bezeich-nung	Stab-durch-messer	Ober-fläche	Bohrloch-durch-messer	Bruchlast Anker-stab	Gebrauchs-kraft Ankerkopf	Verbund-material	Ankerkopf
	(mm)		(mm)	(kN)	(kN)		
Klebeanker K20 – 30	22	gewellt	28–32	380	50	Polyesterharz, Zementsuspen-sion, Mörtel	Platte ⌀ 70, Mutter SW 55, GFK
Klebeanker K20 – 32	22	gewellt	28–32	380	50	Polyesterharz, Zementsuspen-sion, Mörtel	Platte ⌀ 100, Mutter SW 55, GFK
Klebeanker K20 – 44	22	gewellt	28–32	380	100	Polyesterharz, Zementsuspen-sion, Mörtel	Platte ⌀ 130, Mutter SW 80, GFK
Klebeanker K30 – 70	22	gewellt	28–32	380	40	Polyesterharz, Zementsuspen-sion, Mörtel	Platte ⌀ 70, Mutter SW 55, GFK
Klebeanker K30 – 72	22	gewellt	28–32	380	40	Polyesterharz, Zementsuspen-sion, Mörtel	Platte ⌀ 100, Mutter SW 55, GFK
Klebeanker K40 – 96	22	gewellt	28–32	380	60	Polyesterharz, Zementsuspen-sion, Mörtel	Platte ⌀ 200, Mutter SW 36, GFK
Klebeanker K40 – 98	22	gewellt	28–32	380	60	Polyesterharz, Zementsuspen-sion, Mörtel	Platte ⌀ 140, Mutter SW 36, GFK
Klebeanker K60 – 96	25	aufgerolltes Gewinde	30–36	380	60	Polyesterharz, Zementsuspen-sion, Mörtel	Platte ⌀ 200, Mutter SW 36, GFK
Klebeanker K60 – MA	25	aufgerolltes Gewinde	30–36	380	80–140 (je nach Mutterlänge)	Polyesterharz, Zementsuspen-sion, Mörtel	Platte nach Erfordernis, Mutter SW 36, beides Stahl
Klebeanker K60 – DA	25	aufgerolltes Gewinde	30–36	380	140	Polyesterharz, Zementsuspen-sion, Mörtel	Platte nach Erfordernis, Dehnmutter SW 36, beides Stahl

Tabelle 14-4 Technische Daten von Zuggliedern für Injektionsanker aus Glasfaserrohren, System Weidman

Bezeich-nung	Rohr-durchmesser außen/innen (mm)	Ober-fläche	Bohrloch-durch-messer (mm)	Bruchlast Anker-stab (kN)	Gebrauchs-kraft Ankerkopf (kN)	Verbund-material	Ankerkopf
J24 – 30	22/12	glatt	28–32	310	50	Polyester- oder Epoxidharz	Platte ∅ 70, Mutter SW 55, GFK
J24 – 32	22/12	glatt	28–32	310	50	Polyester- oder Epoxidharz	Platte ∅ 100, Mutter SW 55, GFK
J24 – 44	22/12	glatt	28–32	310	100	Polyester- oder Epoxidharz	Platte ∅ 130, Mutter SW 80, GFK
J34 – 70	22/12	glatt	28–32	310	40	Polyester- oder Epoxidharz	Platte ∅ 70, Mutter SW 55, GFK
J34 – 72	22/12	glatt	28–32	310	40	Polyester- oder Epoxidharz	Platte ∅ 100, Mutter SW 55, GFK
J44 – 96	22/12	glatt	28–32	310	60	Polyester- oder Epoxidharz	Platte ∅ 200, Mutter SW 36, GFK
J44 – 98	22/12	glatt	28–32	310	60	Polyester- oder Epoxidharz	Platte ∅ 140, Mutter SW 36, GFK
J64 – 96	25/12	aufgerolltes Gewinde	32–45	250	60	Polyester- oder Epoxidharz	Platte ∅ 200, Mutter SW 36, GFK
J64 – MA	25/12	aufgerolltes Gewinde	32–45	250	100–180 (je nach Mutterlänge)	Polyester- oder Epoxidharz	Platte nach Erfordernis, Mutter SW 36, beides Stahl
J64 – DA	25/12	aufgerolltes Gewinde	32–45	250	180	Polyester- oder Epoxidharz	Platte nach Erfordernis, Dehnmutter SW 36, beides Stahl

- **Zugglieder aus kunststoffgebundenen Glasfasern (Dyckerhoff)**

Glasfaserstäbe mit einseitig aufgerolltem Gewinde wurden in zwei Durchmessern unter der Bezeichnung DYWIDUR von der Fa. Dyckerhoff entwickelt und auf den Markt gebracht. Sie können wahlweise mit Kunststoff- oder Stahlmutter versehen werden; auch die Kopfplatten gibt es in einer Stahl- und einer Kunststoffausführung. Die Tabelle 14-5 enthält die wichtigsten Daten (Quelle: Firmenschrift DYWIDAG).

Tabelle 14-5 Technische Daten von DYWIDUR-Glasfaserstäben

Stabnenndurchmesser	22 mm	25 mm
Gewicht (g/lfdm)	720	870
Gewindelänge (mm)	200	200
max. Zugkraft (kN)	420	470
E-Modul (N/mm^2)	50.000	50.000
Mögliche Verbundspannungen in Zementstein (N/mm^2)	5–10	6–10
Erforderlicher Bohrlochdurchmesser (mm)	27–32	30–35
Zul. Kopfkraft Stahlmutter (kN)[1]	50/60 (2 Mutterhöhen)	100
Zul. Kopfkraft Kunststoff-Bundmutter (kN)	60/95 (2 Mutterhöhen)	120
Zul. Kopfkraft EPM-Mutter (kN)	80/105 (2 Mutterhöhen)	160

[1] Für die Ausnutzung der Tragkraft der Stäbe und Kopfteile gibt es derzeit keine verbindlichen Regeln. Sie muß im Einzelfall vereinbart werden. Üblich ist es, bei Systemankerungen 60 bis 70 Prozent der Bruchlast als Nutzlast anzusetzen.

- **Zugglieder aus kunststoffgebundenen Glasfasern (Willich)**

Die Willich Fosroc GmbH bietet unter der Bezeichnung WIBOLT Star 50 GFK-Anker als Vollstabanker oder Rohranker an. Die Zugglieder haben einen sternförmigen Querschnitt und sind gerippt. Die Tabelle 14-6 enthält die wichtigsten Kennwerte.

Tabelle 14-6 Technische Daten von WIBOLT Star 50 GFK-Ankern

	Vollstabanker	Rohranker
Bruchlast auf Zug (kN)	> 300	> 240
Max. Stabdurchmesser (mm)	24	24
Innendurchmesser (mm)	–	8,5
Querschnittsfläche (mm^2)	355	298
Gewicht (kg/m)	0,7	0,6
Zugfestigkeit (N/mm^2)	> 900	> 900
Streckgrenze (N/mm^2)	> 600	> 600
Bruchdehnung (%)	≈ 2	≈ 2
E-Modul (N/mm^2)	≈ 45.000	≈ 45.000
Bruchlast des Ankerkopfs (kN)	> 100	> 100
Ankerkopfdurchmesser/-höhe (mm/mm)	110/55	110/55

14.4   Prüfungen an Gebirgsankern

Die DIN 21 521 sieht für Gebirgsanker in Teil 2 bei Bedarf eine Anzahl von Prüfungen zum Nachweis der Brauchbarkeit und zur Güteüberwachung vor. Die Prüfungen dienen der Feststellung der Zugfestigkeit des Ankerschaftes, der Kerbschlagbiegefestigkeit, des inneren Mörtelverbundes, des Verhaltens des Ankers bei Scherbeanspruchung usw. Auf eine detaillierte Beschreibung aller in der Norm vorgesehenen Prüfungen wird an dieser Stelle verzichtet.

Für die Praxis wichtig sind Zugversuche an eingebauten Ankern. Sie sollten immer dann durchgeführt werden, wenn ein Wechsel der Gebirgseigenschaften eine Neubeurteilung des Tragverhaltens des eingebauten Ankertyps erforderlich macht. Es sollten jeweils drei Anker geprüft werden. Bei Zementmörtelankern und Klebeankern sollte für die Prüfung eine Freispielstrecke von 1 m zwischen Ankerkopf und Mörtelstrecke belassen werden, damit sich der Anker nicht auf die Prüfvorrichtung abstützt. Wenn die Prüfkraft über eine Traverse aufgebracht wird, die genügend weit seitlich des Ankerkopfes aufgesetzt ist, können die Anker voll vermörtelt werden.

Anhang 1

Liste der gültigen Zulassungsbescheide für Daueranker, Bodennägel und Verpreßpfähle

Liste der gültigen Zulassungsbescheide für Daueranker (Stand Februar 2000)

Zulassungs-Nr.	Zulassungsgegenstand	Typ	Antragsteller	Bescheid vom	Geltungsdauer bis
Z-20.1-2	Verpreßanker für dauernde Verankerungen (Daueranker) Typ „Druckrohranker"	A/V	Bauer Spezialtiefbau GmbH Wittelsbacherstraße 5 86529 Schrobenhausen	22.03.1996	31.03.2001
Z-20.1-3	Daueranker Typ „Wellrohranker"	Z	Bauer Spezialtiefbau GmbH Wittelsbacherstraße 5 86529 Schrobenhausen	23.03.1995	31.03.2000
Z-20.1-6	Stump-Duplex Daueranker für Boden und Fels mit Stahlzuggliedern aus geripptem Spannstahl St 835/1030 oder St 1080/1230	Z	Stump Spezialtiefbau GmbH Max-Planck-Ring 1 40764 Langenfeld	16.07.1999	31.07.2004
Z-20.1-13	B+B Daueranker mit Stahlzuggliedern aus 3–7 ∅ 12 mm St 1420/1570	Z	Bilfinger + Berger Bauaktiengesellschaft Carl-Reiß-Platz 5 68165 Mannheim	05.03.1996	31.03.2001
Z-20.1-15	Dywidag-Litzenanker	E	Dyckerhoff & Widmann AG Erdinger Landstraße 1 81902 München	15.02.1999	31.03.2001
Z-20.1-15	Dywidag-Litzenanker	Ä/E N	Dyckerhoff & Widmann AG Erdinger Landstraße 1 81902 München	22.02.1996	31.03.2001
Z-20.1-17	DYWIDAG-Daueranker (Einstabanker) für Boden und Fels aus St 835/1030 und 1080/1230, folgende Durchmesser (mm): 26,5; 32,0; 36,0; sowie BSt 500 S-GEWI ∅ 40 mm und 50 mm; sowie S 555/700-GEWI ∅ 63,5 mm	Z	Dyckerhoff & Widmann AG Erdinger Landstraße 1 81902 München	24.02.1999	31.03.2004
Z-20.1-38	Daueranker System Brückner mit Hüllwellrohr	Ä	Brückner Grundbau GmbH Lüschershofstraße 70 45356 Essen 11	23.08.1996	30.09.2001
Z-20.1-43	Felsanker System Brückner	Ä/V	Brückner Grundbau GmbH Lüschershofstraße 70 45356 Essen 11	23.08.1996	30.09.2001

Zulassungs-Nr.	Zulassungsgegenstand	Typ	Antragsteller	Bescheid vom	Geltungsdauer bis
Z-20.1-44	B+B Mehrstabdaueranker für Boden und Feld mit Stahlzuggliedern aus 8–12 Stäben St 1420/1570 $\varnothing$ 12 mm	Z	Bilfinger + Berger Bauaktiengesellschaft Carl-Reiß-Platz 5 68165 Mannheim	03.09.1997	30.09.2002
Z-20.1-53	SUSPA-Felsankers	Z	SUSPA Spannbeton GmbH Max-Planck-Ring 1 40764 Langenfeld	22.07.1998	31.08.2003
Z-20.1-57	Verpreßanker Typ „Druckrohranker" für Fels	Ä/V	Bauer Spezialtiefbau GmbH Wittelsbacherstraße 5 86529 Schrobenhausen	22.03.1996	30.04.2001
Z-20.1-62	Daueranker Typ „Bauer-Litzenanker" für Lockergestein	Ä/V	Bauer Spezialtiefbau GmbH Wittelsbacherstraße 5 86529 Schrobenhausen	23.06.1995	30.06.2000
Z-20.1-63	Felsanker für bleibende Verankerungen Typ „Bauer-Litzenanker	Ä/V	Bauer Spezialtiefbau GmbH Wittelsbacherstraße 5 86529 Schrobenhausen	17.03.1995	19.03.2000
Z-20.1-64	SUSPA-Kompaktanker für Fels und Boden mit Stahlzuggliedern aus 0,6" Litzen (140 mm^2) St 1570/1770	Z	SUSPA Spannbeton GmbH Max-Planck-Ring 1 40764 Langenfeld	18.03.1999	31.03.2004
Z-20.1-68	B+B Litzendaueranker mit Stahlzugglieder aus 2 bis 9 Litzen 0,6", St 1570/1770	Z	Bilfinger + Berger Bauaktiengesellschaft Carl-Reiß-Platz 5 68165 Mannheim	23.02.1996	31.03.2001
Z-34.11-200	B+B Druckrohranker für Boden und Fels mit Stahlzuggliedern aus 3–7 $\varnothing$ 12 mm, St 1420/1570	Z	Bilfinger + Berger Bauaktiengesellschaft Carl-Reiß-Platz 5 68165 Mannheim	04.11.1997	30.11.2002
Z-34.11-201	Daueranker Typ „Litzenwellrohranker"	Z	Bauer Spezialtiefbau GmbH Wittelsbacherstraße 5 86529 Schrobenhausen	14.04.1997	30.04.2002
Z-34.11-205	Stump-Litzen-Druckrohranker für Boden und Fels	Z	Stump Spezialtiefbau GmbH Max-Planck-Ring 1 40764 Langenfeld	09.01.1997	31.01.2002

Liste der gültigen Zulassungsbescheide für Bodenvernagelungen (Stand Februar 2000)

Zulassungs-Nr.	Zulassungsgegenstand	Typ	Antragsteller	Bescheid vom	Geltungsdauer bis
Z-20.1-101	Bodenvernagelung System BAUER	Z	Bauer Spezialtiefbau GmbH Wittelsbacherstraße 5 86529 Schrobenhausen	24.01.1996	30.06.2001
Z-20.1-106	Bodenvernagelung System DYWIDAG	Z	Dyckerhoff & Widmann AG Erdinger Landstraße 1 81902 München	15.08.1996	31.08.2001
Z-20.1-108	Bodenvernagelung System Bilfinger + Berger	Z	Bilfinger + Berger Bauaktiengesellschaft Carl-Reiß-Platz 5 68165 Mannheim	23.02.1996	31.03.2001
Z-20.1-114	Bodenvernagelung System Brückner	Z	Brückner Grundbau GmbH Lüschershofstraße 70 45356 Essen 11	20.10.1997	30.11.2002
Z-34.13-200	Bodenvernagelung System Preussag	Z	Preussag Spezialtiefbau GmbH Am Eisenwerk 3 30519 Hannover	20.01.1998	31.01.2003
Z-34.13-206	Kurzzeit-Boden-vernagelung System TITAN 30/11	Z	Friedrich Ischebeck GmbH Loher Straße 51–69 58256 Ennepetal	18.10.1996	31.10.2001

Zulassungen für Kurzzeitanker und Teile von Kurzzeitankern
(Stand Februar 2000)

Zulassungs-Nr.	Zulassungsgegenstand	Typ	Antragsteller	Bescheid vom	Geltungsdauer bis
Z-20.1-67	Ankerköpfe Kurzzeit-anker, Zugglieder 4–12 Ø 12 mm, rund, gerippt, St 1420/1570	Z	TechnoGrundbau GmbH Fürstenrieder Straße 281 81377 München	29.08.1997	30.09.2002
Z-20.1-69	Ankerköpfe Kurzzeit-anker, Zugglieder 2–11 Litzen 0,6" St 1570/1770	Z	Bauer Spezialtiefbau GmbH Wittelsbacherstraße 5 86529 Schrobenhausen	06.01.1997	31.01.2002
Z-20.1-70	Kurzzeitanker TITAN 30/11	Z	Friedrich Ischebeck GmbH Loher Straße 51–69 58256 Ennepetal	01.09.1995	31.10.2000

Zulassungen für Verpreßpfähle und Pfahlkupplungen (für Rammpfähle) (Stand Februar 2000)

Zulassungs-Nr.	Zulassungsgegenstand	Typ	Antragsteller	Bescheid vom	Geltungsdauer bis
Z-32.1-1	Rohrpfahl System „Stump" mit Traggliedern aus S355J2G3, S460NH, Ovako 280 und mecaVal 147 MK	Z	Stump Spezialtiefbau GmbH Max-Planck-Ring 1 40764 Langenfeld	02.07.1999	31.07.2004
Z-32.1-2	Verpreßpfähle mit kleinem Durchmesser GEWI BSt 500 S, ∅ 32, 40, 50 mm	Z	Dyckerhoff & Widmann AG Erdinger Landstraße 1 81902 München	22.07.1997	31.08.2002
Z-32.1-6	Stabverpreßpfahl mit Traggliedern aus Betonstabstahl mit gerippter Oberfläche ∅ 28 mm, ∅ 32 mm, ∅ 40 mm und ∅ 50 mm	Z	Bauer Spezialtiefbau GmbH Wittelsbacherstraße 5 86529 Schrobenhausen	03.12.1999	31.12.2004
Z-32.1-7	B + B Einstabpfahl mit Traggliedern aus GEWI-Stahl ∅ 28 mm, ∅ 40 mm und ∅ 50 mm BSt 500 S-GEWI (IV S GEWI)	Z	Bilfinger + Berger Vorspanntechnik GmbH Industriestrasse 98 67240 Bobenheim-Roxheim	12.07.1999	31.07.2004
Z-32.1-8	Verbundpfahl System Stump mit Traggliedern aus Betonstahl mit gerippter Oberfläche ∅ 20 mm bis ∅ 50 mm	Z	Stump Spezialtiefbau GmbH Max-Planck-Ring 1 40764 Langenfeld	30.09.1999	31.10.2004
Z-32.1-9	Verpreßpfähle mit kleinem Durchmesser GEWI S 555/700, ∅ 63,5 mm	Z	Dyckerhoff & Widmann AG Erdinger Landstraße 1 81902 München	12.05.1997	31.05.2002
Z-34.1-7	Pfahlkupplung System UPC, Querschnitte 25 x 25, 30 x 30, 35 x 35, 40 x 40 cm	V	F+Z-Bau Gesellschaft GmbH Kanalstraße 44 22085 Hamburg	26.01.1996	01.06.2000
Z-34.21-201	Pfahlkupplung System Oudenallen VB 400/400"	Z	OUDENALLEN Betonindustrie BV Meentweg 40 3652 LB Woerdense Verlaat NL	20.10.1998	30.06.2003

Zulassungen für Pfähle, Rüttelsäulen, HDI-Säulen
(Stand Februar 2000)

Zulassungs-Nr.	Zulassungsgegenstand	Typ	Antragsteller	Bescheid vom	Geltungsdauer bis
Z-34.2-2	Betonrüttelsäulen	Z	Keller Grundbau GmbH Kaiserleistraße 44 63067 Offenbach	18.11.1998	28.02.2004
Z-34.2-3	Vermörtelte Stopfsäulen (VSS) und Fertigmörtel-Stopfsäulen (FSS)	V	Keller Grundbau GmbH Kaiserleistraße 44 63067 Offenbach	14.07.1995	31.08.2000
Z-34.2-4	Rüttelbetonstopfpunkte	Z	Preussag Spezialtiefbau GmbH Am Eisenwerk 3 30519 Hannover	17.03.1998	31.03.2003
Z-34.2-5	Rüttel-Ortbeton-Pfähle (ROB-Pfähle), Rüttel-Stopfbeton-Pfähle (RSB-Pfähle)	Z	Bauer Spezialtiefbau GmbH Wittelsbacherstraße 5 86529 Schrobenhausen	16.03.1998	31.03.2003
Z-34.2-6	Ortbetonrammverpreß-pfähle	V	Franki Grundbau GmbH Aschauer Straße 19 81549 München	06.05.1994	30.06.1999
Z-34.22-201	Ortbetonrüttelsäulen (ORS)	Z	Franki Grundbau GmbH Sperberweg 6A 41468 Neuss	21.10.1998	31.08.2003
Z-34.24-202	Düsenstrahlverfahren RODINJET	Z	RODIO GmbH Voßstraße 1 10117 Berlin	16.12.1997	31.03.2001
Z-34.24-203	Düsenstrahlverfahren RODINJET	Z	Ing. G. Rodio & C. Impresa Costruzioni Speciali S.p.A. Via Pandina 5 I-20070 Casalmaiocco (Milano)	16.12.1997	31.03.2001
Z-34.24-204	Düsenstrahlverfahren Leonhard Weiss	Z	Leonhard Weiss GmbH & Co. KG Brunnenstraße 36 74564 Crailsheim	16.12.1997	31.07.2001
Z-34.25-200	Rammpfähle aus duktilen Gußeisenrohren	Z	Bauer Spezialtiefbau GmbH Wittelsbacherstraße 5 86529 Schrobenhausen	21.01.1999	31.01.2004
Z-34.4-1	SOILCRETE	Z	Keller Grundbau GmbH Kaiserleistraße 44 63067 Offenbach	21.10.1997	31.07.2001
Z-34.4-10	Düsenstrahlverfahren Furch + Zillmann	Z	Furch Grundbau GmbH Düsterhauptstraße 41 13469 Berlin	13.08.1997	30.09.2002
Z-34.4-12	Düsenstrahlverfahren ZAKLADANI-HDI-Bodenvermörtelung RODINJET	Z	ZAKLADANI STAVEB a. s. Dobronick CZ-14826 Praha 4	10.07.1997	30.08.2002

Zulassungs-Nr.	Zulassungsgegenstand	Typ	Antragsteller	Bescheid vom	Geltungsdauer bis
Z-34.4-17	Düsenstrahlverfahren Brückner	Z	Brückner Grundbau GmbH Lüschershofstraße 70 45356 Essen	13.02.1998	30.06.2003
Z-34.4-18	Düsenstrahlverfahren SOIL-JET	Z	Insond Gesellschaft mbH Gloriettegasse 8 A-1139 Wien	02.04.1998	31.10.1999
Z-34.4-2	BAUER HDI	Z	Bauer Spezialtiefbau GmbH Wittelsbacherstraße 5 86529 Schrobenhausen	21.10.1997	31.07.2001
Z-34.4-3	Düsenstrahlverfahren B+B	Z	Bilfinger + Berger Bauaktiengesellschaft Carl-Reiß-Platz 1–5 68165 Mannheim	21.10.1997	30.04.2001
Z-34.4-5	Düsenstrahlverfahren Stump-Jetting	Z	Stump Bohr GmbH Am Lenzenfleck 1–3 85737 Ismaning	16.01.1998	30.06.1999
Z-34.4-6	Düsenstrahlverfahren Preussag-Jet-Hochdruck-bodenvermörtelung	Z	Preussag Spezialtiefbau GmbH Am Eisenwerk 3 30519 Hannover	20.01.1998	31.01.2003
Z-34.4-7	Düsenstrahlverfahren Oelckers	Z	OELCKERS Spezialtiefbau GmbH Knoblaucher Chaussee, 14669 Ketzin	06.08.1997	31.08.2003
Z-34.4-8	Düsenstrahlverfahren RODINJET	Z	Eurosond GmbH Plinganswerstraße 33 81369 München	16.12.1997	31.03.2001
Z-34.4-9	Düsenstrahlverfahren Franki	Z	Franki Grundbau GmbH Sperberweg 6A 41468 Neuss	16.12.1997	31.03.2001

Anhang 2

Tabelle 1/Anlage 1 zur allgemeinen bauaufsichtlichen
Zulassung Z-30.3-6 vom 25.09.1998:
Einteilung der Stahlsorten nach Festigkeitsklassen und
Widerstandsklassen gegen Korrosion sowie typische
Anwendungen für Bauteile und Verbindungsmittel

lfd. Nr.	Stahlsorte Kurzname	Werkstoff-Nr.	Gefüge	Festigkeitsklassen S[2] und Erzeugnisformen[3] 235	275	355	460	690	Korrosion: Widerstandsklasse/Anforderung	Korrosionsbelastungen und typische Anwendungen für Bauteile und Verbindungsmittel
1	X2CrNi12	1.4003	F	B, Ba, gH, P	D, gH, S, W		D, S		I / gering	Innenräume
2	X6Cr17	1.4016	F	D, S, W						
3	X5CrNi18-10	1.4301	A	B, Ba, D, gH, P, S, W	B, Ba, D, gH, P, S	B, Ba, D, gH, S	Ba, D, S		II / mäßig	Zugängliche Konstruktionen ohne nennenswerte Gehalte an Chloriden und Schwefeldioxyd
4	X6CrNiTi18-10	1.4541	A	B, Ba, D, gH, P, S, W	B, Ba, D, gH, P, S	Ba, D, gH, S	Ba, D, S			
5	X2CrNiN18-7	1.4318	A			B, Ba, D, P, S	B, Ba			
6	X3CrNiCu18-9-4	1.4567	A	D, S, W	D, S	D, S	D, S			
7	X5CrNiMo17-12-2	1.4401	A	B, Ba, D, gH, P, S, W	B, Ba, D, gH, P, S	B, Ba, D, gH, S	Ba, D, S		III / mittel	Unzugängliche Konstruktionen[4] mit mäßiger Chlorid- und Schwefeldioxydbelastung
8	X2CrNiMo17-12-2	1.4404	A	B, Ba, D, gH, P, S, W	B, Ba, D, gH, P, S	Ba, D, gH, S	Ba, D, S	D, S		
9	X6CrNiMoTi17-12-2	1.4571	A	B, Ba, D, gH, P, S, W	B, Ba, D, gH, P, S	Ba, D, gH, S	Ba, D, S	D, S		
10	X2CrNiMoN17-13-5	1.4439	A	B, Ba, D, gH, P, S, W	B, Ba, D, gH, S, W					
11	X1NiCrMoCu25-20-5	1.4539	A	B, Ba, D, gH, P, S, W	B, Ba	D, P, S		D, S	IV / stark	Konstruktionen mit hoher Korrosionsbelastung durch Chloride und Schwefeldioxyd (auch bei Aufkonzentration der Schadstoffe, z. B. bei Bauteilen in Meerwasser und in Straßentunneln) Schwimmhallen siehe Tabelle 10
12	X2CrNiMoN22-5-3	1.4462	FA				B, Ba, D, P, S, W	D, S		
13	X2CrMnMoNbN25-18-5	1.4565	A				B, Ba, D, S			
14	X1NiCrMoCuN25-20-7	1.4529	A			B, D, gH, P, S	D, P, S	D, S		
15	X1CrNiMoCuN20-18-6	1.4547	A		B, Ba	B, Ba	B, Ba			

1) A = Austenit; F = Ferrit; FA = Ferrit-Austenit
2) Die der jeweils untersten Festigkeitsklasse folgenden sind durch Kaltverfestigung mittels Kaltverformung erzielt
3) B = Blech; Ba = Band; D = Draht, gezogen; gH = geschweißte Hohlprofile; P = Profile; S = Stäbe; W = Walzdraht
4) Als unzugänglich werden Konstruktionen eingestuft, deren Zustand nicht oder nur unter erschwerten Bedingungen kontrolliert und die im Bedarfsfall nur mit sehr großem Aufwand saniert werden können

Anhang 3

Auszug aus DIN 50 929 Teil 3 zur Abschätzung der Korrosionswahrscheinlichkeit bzw. zur Festlegung der Einsatzgrenzen für Stähle in aggressiven Wässern

5 Abschätzung der Korrosionswahrscheinlichkeit in Erdböden

5.1 Unlegierte und niedriglegierte Eisenwerkstoffe

Unlegierte und niedriglegierte Eisenwerkstoffe können in Erdböden durch Korrosion gleichmäßigen Flächenabtrag, bevorzugt aber Mulden- oder Lochfraß erleiden. Örtliche Korrosionserscheinungen sind allgemein auf Ausbildung von Korrosionselementen oder Wirkung von Fremdkathoden zurückzuführen. Die Erdböden werden nach ihrer unterschiedlichen Korrosivität in Bodenklassen eingestuft. Meeres- und Seeböden können mit Hilfe der nachfolgenden Angaben nicht beurteilt werden.

5.1.1 Freie Korrosion ohne ausgedehnte Konzentrationselemente

Tabelle 1 Angaben zur Beurteilung von Erdböden

Nr.	Merkmal und Meßgröße	Einheit	Meßwertbereiche	Bewertungszahl
	a) Beurteilung einer Bodenprobe			
1	*Bodenart*			Z_1
	a) Bindigkeit: Anteil an abschlämmbaren Bestandteilen (< 0,06 mm)	Massenanteile in %	≤ 10	+4
			> 10 bis 30	+2
			> 30 bis 50	0
			> 50 bis 80	−2
			> 80	−4
	b) Torf-, Moor-, Schlick- und Marschböden, organischer Kohlenstoff	Massenanteile in %	> 5	−12
	c) stark verunreinigte Böden Verunreinigungen durch Brennstoffasche, Schlacke, Kohlestücke, Koks, Müll, Schutt, Abwässer			−12
2	*Spezifischer Bodenwiderstand*	Ohm cm		Z_2
			> 50 000	+4
			> 20 000 bis 50 000	+2
			> 5 000 bis 20 000	0
			> 2 000 bis 5 000	−2
			1 000 bis 2 000	−4
			< 1 000	−6
3	*Wassergehalt*	Massenanteile in %		Z_3
			≤ 20	0
			> 20	−1

Tabelle 1 Fortsetzung

Nr.	Merkmal und Meßgröße	Einheit	Meßwertbereiche	Bewertungszahl
4	*pH-Wert*			Z_4
			> 9	+2
			> 5,5 bis 9	0
			4 bis 5,5	−1
			< 4	−3
5	*Pufferkapazität*	mmol/kg		Z_5
	Säurekapazität bis pH 4,3 (Alkalität $K_{S\,4,3}$)		< 200	0
			200 bis 1000	+1
			> 1000	+3
	Basekapazität bis pH 7,0 (Acidität $K_{B\,7,0}$)		< 2,5	0
			2,5 bis 5	−2
			> 5 bis 10	−4
			> 10 bis 20	−6
			> 20 bis 30	−8
			> 30	−10
6	*Sulfid* (S^{2-})	mg/kg		Z_6
			< 5	
			5 bis 10	0
			> 10	−3
				−6
7	*Neutralsalze* (wäßriger Auszug) $C(Cl^-) + 2c\ (SO_4^{2-})$	mmol/kg		Z_7
			< 3	0
			3 bis 10	−1
			> 10 bis 30	−2
			> 30 bis 100	−3
			> 100	−4
8	*Sulfat* (SO_4^{2-}, salzsaurer Auszug)	mmol/kg		Z_8
			< 2	0
			2 bis 5	−1
			> 5 bis 10	−2
			> 10	−3

b) Beurteilung aufgrund örtlicher Gegebenheiten

Nr.	Merkmal und Meßgröße	Einheit	Meßwertbereiche	Bewertungszahl
9	*Lage des Objektes zum Grundwasser*			Z_9
			Grundwasser nicht vorhanden	0
			Grundwasser vorhanden	−1
			Grundwasser wechselt zeitlich	−2
10	*Bodenhomogenität, horizontal*			Z_{10}
	Bodenwiderstandsprofil: ermittelt werden Änderungen von Z_2 (nach Zeile 2) von benachbarten Bodenbereichen: ΔZ_2		$\mid \Delta Z_2 \mid < 2$	0
			$2 \leq \mid \Delta Z_2 \mid \leq 3$	−2
			$\mid \Delta Z_2 \mid > 3$	−4
	(Bei dieser Bewertung werden alle positiven Z_2-Werte gleich „+1" gesetzt)			

Tabelle 1   Fortsetzung

Nr.	Merkmal und Meßgröße	Einheit	Meßwertbereiche	Bewertungszahl
11	*Bodenhomogenität, vertikal*			Z_{11}
	a) Boden in unmittelbarer Umgebung	homogene Einbettung mit artgleichem Erdboden, Sand		0
		inhomogene Einbettung mit bodenfremden Bestandteilen, z. B. Holz, Wurzeln u. dgl. sowie mit stark artverschiedenen korrosiveren Böden		–6
	b) Schichtung unterschiedlicher Böden mit verschiedenen Z_2-Werten;	$2 \leq \mid \Delta Z_2 \mid \leq 3$		–1
		$\mid \Delta Z_2 \mid > 3$		–2
	Ermittlung von $\mid Z_2 \mid$ entsprechend Zeile 10			
12	*Objekt/Boden-Potential* $U_{Cu/CuSO4}$ (zur Feststellung von Fremdkathoden)	V		Z_{12}
	Ist eine Potentialmessung nicht möglich, z. B. bei der Beurteilung eines Bodens ohne Objekt, ist $Z_{12} = -10$ zu setzen, wenn Kohlenstücke oder Koks vorhanden sind		–0,5 bis –0,4	–3
			> –0,4 bis –0,3	–8
			> –0,3	–10

Anmerkungen zur Tabelle 1:

–   Bei einer Beurteilung nach Nr. 1 und Nr. 11 ist jeweils nur eine, und zwar die negativste Bewertungszahl einzusetzen.

–   Die Ermittlungen zu Nr. 9 bis Nr. 12, möglichst auch zu Nr. 2, erfolgen am Ort. Die Untersuchungen Nr. 1 bis Nr. 8 werden an Bodenproben im Laboratorium durchgeführt. Dabei ist darauf zu achten, daß die Entnahme der Bodenproben für das Beurteilungsprojekt und für die Fragestellung ausreichend repräsentativ ist. Es empfiehlt sich, gezielt dem jeweiligen Objekt angepaßt, mehrere Bodenproben zu untersuchen und die Ergebnisse zu einer Gesamtbeurteilung zusammenzufassen.

–   Die Tabelle enthält keine allgemeinen Bezeichnungen für die Bodenart. Die zur Erörterung von Korrosionsfragen häufig wichtigen anaeroben Böden, in denen sulfatreduzierende Mikroorganismen wirksam sind, werden durch folgende Daten gekennzeichnet: $Z_1 < -2$, $Z_7 \leq -2$ und insbesondere $Z_6 = -6$

–   Für die analytischen Untersuchungen werden Bodenproben ungefähr 1 h bei 105 °C getrocknet und die Meßgrößen auf die Trockensubstanz bezogen.

–   Für die Untersuchung Nr. 7 werden etwa 10 g Boden mit 50 ml 20%iger Salzsäure umgesetzt und das Sulfat im salzsauren Auszug bestimmt. Für die Untersuchung Nr. 8 werden etwa 250 g Boden mit 1 l Deionat und der Gehalt an Chlorid- und Sulfationen im wäßrigen Auszug bestimmt.

–   Die Untersuchungsverfahren, mit Ausnahme Nr. 1b), sind in [1] beschrieben.

–   Die Bestimmung Nr. 1b) wird wie folgt durchgeführt: Eine Einwaage von etwa 100 g trockenem Boden wird mit etwa 200 ml Salzsäure, etwa 18%, versetzt, bis zur Trockne eingedampft, mit etwa 100 ml verdünnter Salzsäure aufgenommen und filtriert. Der Filterrückstand wird bei etwa 105 °C bis zur Wägekonstanz getrocknet, analysenfein zerkleinert, homogenisiert und ein abgewogener Teil davon bei etwa 1200 °C im Sauerstoffstrom geglüht. Das entstehende Kohlendioxid wird nach einem gängigen Verfahren, z. B. Absorption, quantitativ bestimmt und in Massenanteil-% C umgerechnet.

Literatur:

[1] Steinrath, H.: Untersuchungsmethoden zur Beurteilung der Aggressivität von Böden, Ausgabe 1966. DVGW, Eschborn

Tabelle 4   Abschätzung der Korrosionswahrscheinlichkeit bei Elementbildung mit Fremdkathoden

BE-Werte bzw. WE-Werte	Korrosionswahrscheinlichkeit für	
	Loch- und Muldenkorrosion	Flächenkorrosion
≥ 0	gering	sehr gering
-1 bis -4	mittel	sehr gering
-5 bis -8	hoch	mittel
< -8	sehr hoch	erhöht

6   Abschätzung der Korrosionswahrscheinlichkeit in Wässern

6.1   Unlegierte und niedriglegierte Eisenwerkstoffe

Unlegierte und niedriglegierte Eisenwerkstoffe erleiden in Wässern Korrosion ...

6.1.1   Freie Korrosion im Unterwasserbereich

Zur Abschätzung der Korrosionswahrscheinlichkeit dienen Bewertungszahlen N_1 bis N_7 der Tabelle 6. Diese Bewertungszahlen werden aufgrund der Wasseranalyse für N_3 bis N_6 und aus Informationen über die örtlichen Gegebenheiten für N_1, N_2 und N_7 gewonnen. Aus den Bewertungszahlen errechnet sich nach Gleichung (7) eine Bewertungszahlsumme W_0. Diese dient nach Tabelle 7 zur Abschätzung der Korrosionswahrscheinlichkeit für freie Korrosion:

$$W_0 = N_1 + N_3 + N_4 + N_5 + N_6 + N_3/N_4 \tag{7}$$

6.1.2   Korrosion an der Wasser/Luft-Grenze

Die Korrosionswahrscheinlichkeit wird im wesentlichen durch die Ausbildung von anodischen Bereichen als Folge aufkonzentrierter Salze und durch Bewuchs bestimmt. Eine Abschätzung der Korrosionswahrscheinlichkeit erfolgt mit Hilfe der Bewertungszahlsumme W_1 nach Gleichung (8) und Tabelle 7:

$$W_1 = W_0 - N_1 + N_2 \cdot N_3 \tag{8}$$

Tabelle 7   Abschätzung der Korrosionswahrscheinlichkeit von unlegierten und niedriglegierten Stählen in Wässern

W_0-Werte bzw. W_1-Werte	Mulden- und Lochkorrosion	Flächenkorrosion
≥ 0	sehr gering	sehr gering
-1 bis -4	gering	sehr gering
< -4 bis -8	mittel	gering
< -8	hoch	mittel

In der Gleichung (8) ist W_0 nach Gleichung (7) einzusetzen.

Tabelle 6   Angaben zur Beurteilung von Wässern

Nr.	Merkmal und Dimension	Einheit	Bewertungsziffer für	
			unlegierte Eisen	verzinkten Stahl
1	**Wasserart**		N_1	M_1
	fließende Gewässer		0	−2
	stehende Gewässer		−1	+1
	Küste von Binnenseen		−3	−3
	anaerob. Moor, Meeresküste		−5	−5
2	**Lage des Objektes**		N_2	M_2
	Unterwasserbereich		0	0
	Wasser/Luft-Bereich		1	−6
	Spritzwasserbereich		0,3	−2
3	$c\,(Cl^-) + 2\,c\,(SO_4^{2-})$	mol/m^3	N_3	M_3
	< 1		0	0
	> 1 bis 5		−2	0
	> 5 bis 25		−4	−1
	> 25 bis 100		−6	−2
	> 100 bis 300		−7	−3
	> 300		−8	−4
4	**Säurekapazität bis pH 4,3 (Alkalität $K_{S\,4,3}$)**	mol/m^3	N_4	M_4
	< 1		1	−1
	1 bis 2		2	+1
	> 2 bis 4		3	+1
	> 4 bis 6		4	0
	> 6		5	−1
5	$c\,(Ca^{2+})$	mol/m^3	N_5	M_5
	< 0,5		−1	0
	0,5 bis 2		0	+2
	> 2 bis 8		+1	+3
	> 8		+2	+4
6	**pH-Wert**		N_6	M_6
	< 5,5		−3	−6
	5,5 bis 6,5		−2	−4
	> 6,5 bis 7,0		−1	−1
	> 7,0 bis 7,5		0	+1
	> 7,5		+1	+1
7	**Objekt/Wasser-Potential U_H** (zur Feststellung der Fremdkathoden)	V	N_7	
	> −0,2 bis −0,1		−2	
	> −0,1 bis 0,0		−5	
	> −0,0		−8	

Probennahme und analytische Bestimmungen nach DIN 50 930 Teil 1.

Bemerkung der Verfasser:

Die Analyseergebnisse werden von den Labors gern in mg/l geliefert. Man kommt von diesen Einheiten auf mol/m^3, indem man die mg/l durch das Molgewicht teilt. Die hier erforderlichen Molgewichte sind:

Cl^- 35,45 g/mol

SO_4^{2-} 96,06 g/mol

Ca^{2+} 40,08 g/mol

Tabelle 8   Richtwerte zur Abschätzung der mittleren Korrosionsgeschwindigkeit

Bewertungszahlsummen	Abtragungsrate w (100 a) (mm/a)	max. Eindringrate wL, max (30 a) (mm/a)	Bemerkung
B0- und B1-Werte (siehe Tabelle 2)			
≥ 0	0,005	0,03	zeitlich abnehmend
-1 bis -4	0,01	0,05	zeitlich abnehmend
-5 bis -10	0,02	0,2	zeitlich abnehmend
< -10	0,06	0,4	zeitlich konstant
BE- und WE-Werte (siehe Tabelle 4)			örtlicher Korrosions- angriff überwiegt
≥ 0	0,01	0,05	
-1 bis -4	0,02	0,1	
-5 bis -8	0,05	0,3	
< -8	0,2	1	
W0- und W1-Werte (siehe Tabelle 7)			örtliche Korrosion über- wiegt im Wasser-/Luft- Wechselbereich, die wL, max-Werte nehmen zeitlich ab
≥ 0	0,01	0,05	
-1 bis -4	0,02	0,1	
-5 bis -8	0,05	0,2	
< -8	0,1	0,5	

Anhang 4

Auszug aus DIN 4030 Teil 1

Tabelle 4 DIN 4030 Teil 1: Grenzwerte zur Beurteilung des Angriffsgrades von Wässern vorwiegend natürlicher Zusammensetzung

	1	2	3	4
	Untersuchung	schwach angreifend	stark angreifend	sehr stark angreifend
1	pH-Wert	6,5 bis 5,5	< 5,5 bis 4,5	< 4,5
2	kalklösende Kohlensäure (CO_2) in mg/l (Marmorlöseversuch nach Heyer [4])	15 bis 40	> 40 bis 100	> 100
3	Ammonium (NH_4^+) in mg/l	15 bis 30	> 30 bis 60	> 60
4	Magnesium (Mg^{2+}) in mg/l	300 bis 1000	> 1000 bis 3000	> 3000
5	Sulfat[1] (SO_4^{2-}) in mg/l	200 bis 600	> 600 bis 3000	> 3000

[1] Bei Sulfatgehalten über 600 mg SO_4^{2-} je l Wasser, ausgenommen Meerwasser, ist ein Zement mit hohem Sulfatwiderstand (HS) zu verwenden (siehe DIN 1164 Teil 1/03.90, Abschnitt 4.6 und DIN 1045/07.88, Abschnitt 6.7.5).

[4] Heyer, C.: Ursache und Beseitigung des Bleiangriffs durch Leitungswasser, chemische Untersuchungen aus Anlaß der Dessauer Bleivergiftungen im Jahre 1886. Verlagsbuchhandlung Paul Baumann, Dessau, 1888.

Tabelle 5 DIN 4030 Teil 1: Grenzwerte zur Beurteilung des Angriffsgrades von Böden

	1	2	3
	Untersuchung	Angriffsgrad: schwach angreifend	Angriffsgrad: stark angreifend
1	Säuregrad nach Baumann-Gully [5] in ml je kg lufttrockenen Bodens	> 200	–
2	Sulfat[1] (SO_4^{2-}) in mg je kg lufttrockenen Bodens	2000 bis 5000	> 5000

[1] Bei Sulfatgehalten über 3000 mg SO_4^{2-} je kg lufttrockenen Bodens ist ein Zement mit hohem Sulfatwiderstand (HS) zu verwenden (siehe DIN 1164 Teil 1/03.90, Abschnitt 4.6 und DIN 1045/07.88, Abschnitt 6.7.5).

[5] Gessner, H.: Vorschrift zur Untersuchung von Böden auf Zementgefährlichkeit. Diskussionsbericht Nr. 29 der Eidgenössischen Materialprüf- und Versuchsanstalt, Zürich, 1928.

Anhang 5

Liste der vom Deutschen Institut für Bautechnik autorisierten Überwachungsstellen für die Durchführung von Eignungsprüfungen an Dauerankern

Baugrundinstitut Smoltczyk & Partner GmbH, Stuttgart

Bundesanstalt für Wasserbau, Abteilung Erd- und Grundbau, Karlsruhe

Deutsche Forschungsgesellschaft für Bodenmechanik (Degebo), Berlin

Erdbaulaboratorium Essen

Forschungs- und Materialprüfungsanstalt Baden-Württemberg, Stuttgart

Grundbauingenieure Steinfeld & Partner, Erdbaulaboratorium Hamburg

Grundbauinstitut der Landesgewerbeanstalt Bayern, Nürnberg

Grundbau-Institut, TU Berlin

Institut für Bodenmechanik und Felsmechanik, Universität Karlsruhe

Institut für Grundbau und Bodenmechanik, TU Braunschweig

Institut für Grundbau und Bodenmechanik, TU Hannover

Institut für Grundbau, Bodenmechanik, Felsmechanik und Verkehrswasserbau, TH Aachen

Laboratorium für Bodenmechanik, Erd- und Grundbau der Gesamthochschule Wuppertal

Lehrstuhl für Bodenmechanik und Grundbau/Geotechnik der TU Cottbus

Lehrstuhl für Grundbau und Bodenmechanik der Ruhr-Universität Bochum

Lehrstuhl und Prüfamt für Grundbau, Bodenmechanik und Felsmechanik, TU München

Versuchsanstalt für Bodenmechanik und Grundbau der TH Darmstadt

Literaturverzeichnis

[1] Müller, L.: The Rock Slide in the Vaiont Valley. Rock Mechanics and Engineering Geology, Vol. II/3–4, 1964.

[2] The BAUER Grouted Anchors, Firmenschrift Fa. Bauer Spezialtiefbau GmbH, Schrobenhausen, 1995.

[3] Ostermayer, H.: Verpreßanker. Grundbautaschenbuch, 5. Auflage, Teil 2, 1996.

[4] Lang, J.: Soilex Expander Bodies – eine Möglichkeit zur Verankerung in wenig tragfähigen Böden. Vorträge d. Technischen Akademie Esslingen, 1990.

[5] Beton-Kalender. Ernst & Sohn, 1997.

[6] Rehm, G. und Franke, L.: Kunstharzgebundene Glasfaserstäbe als Bewehrung im Betonbau. Heft 340, Deutscher Ausschuß für Stahlbeton. Ernst & Sohn, Berlin, 1979.

[7] Hettler, A. und Meiniger, W.: Einige Sonderprobleme bei Verpreßankern. Bauingenieur 65 (1990) S. 407–412.

[8] Herbst, Th. F.: Anwendungsmöglichkeiten und Einsatz von Ankerzuggliedern im Boden und Fels. Vorträge der Technischen Akademie Esslingen, Verankerungen und Vernagelungen in der Geotechnik, 1990.

[9] Mayer: Untersuchungen zum Tragverhalten von Verpreßankern in Sand. Dissertation, TU Berlin, 1983.

[10] Wernick, E.: Tragfähigkeit zylindrischer Anker in Sand, Veröffentl. Institut für Bodenmechanik und Felsmechanik, Universität Karlsruhe, 1978.

[11] Scheele, F.: Tragfähigkeit von Verpreßankern in nichtbindigem Boden, Veröffentl. Lehrstuhl und Prüfamt f. Grundbau, Bodenmechanik u. Felsmechanik, Universität München, 1982.

[12] Jirovec, P.: Untersuchungen zum Tragverhalten von Felsankern, Veröffentl. Inst. für Bodenmechanik und Felsmechanik, Universität Karlsruhe, 1979.

[13] Diplomarbeit, Matuschowitz, D./Meiniger, W. – FMPA.

[14] DIN 4125: Verpreßanker, Kurzzeit- und Daueranker – Bemessung, Ausführung und Prüfung, Ausgabe 11/1990.

[15] Leonhardt, J.: Indikator zum Erkennen von Ankerbelastungen. Bergbau-Forschung GmbH. Bauingenieur 63, S. 139–140, 1988.

[16] Überwachung von Erd- und Felsankern mit optischen Sensoren. Firmenschrift SICOM Gesellschaft für Sensor- und Vorspanntechnik mbH, Köln, 1990.

[17] Wietek, B.: Permanentes Meßsystem für Daueranker. Tiefbau – Ingenieurbau Straßenbau, 10/1992, S. 786–790.

[18] Kapp, H.: Korrosionsprüfungen an Vorspannkabeln und Injektionsankern. Schweizer Ingenieur und Architekt, 38/1987, S. 1093–1095.

[19] Matt, U. von: Vorgespannte Boden- und Felsanker. Ankerprüfungen und Bauwerksüberwachung. Vorträge der Technischen Akademie Esslingen, Ndl. Sarnen. Vorgespannte Boden- und Felsanker, Sarnen, 1991.

[20] Vollenweider, U. et al.: Empfehlungen für Projektierung und Ausführung des Korrosionsschutzes von permanenten Boden- und Felsankern. Bern, Lausanne, Hinwil, Zürich, Lyssach, 1989.

[21] Nürnberger, U.: Korrosion und Korrosionsschutz im Bauwesen. Bauverlag, 1995.

[22] Weber, Bilgeri, Kollo, Vißmann: Hochofenzement. Eigenschaften und Anwendungen im Beton. Beton-Verlag GmbH, Düsseldorf.

[23] Grube, H. und Rechenberg, W.: Betonabtrag durch chemisch angreifende saure Wässer. Beton 37 (1987), Heft 11, S. 446–451 und Heft 12, S. 495–498.

[24] Meiniger, W. und Wichter, L.: Hangstabilisierung mit Tiefbrunnen im Tertiär des Hochrheins. Veröfftl. Vortr. d. 9. Nationale Tagung für Ingenieurgeologie 1993.

[25] Denzer, G. und Wichter, L.: Dimensioning and performance of a deep cutting for an express highway. Proc. 6th International Congress on Rock Mechanics, pp. 331–335, Montreal, 1987.

[26] Porzig, R.: Hangsicherung an der Bundesautobahn A 7 Ulm – Würzburg. Felsbau, Jahrgang 7, Heft 4, 1989.

[27] Wichter, L., Ehrke, E., Rogowski, E.: Hangstabilisierung mit verankerten Tiefbrunnen in einem Wohngebiet. Geotechnik 14, H. 2, S. 54–58, 1991.

[28] Wichter, L.: Verwitterungsbedingte Rutschungen an Dammböschungen eine Fallstudie. Straße und Autobahn, Heft 2, S. 74–79, 1991.

[29] Dietz, K., Groß, Th. und Ehl, G.: Kylltalbrücke Sicherung einer Seilabspannung mit hochbelasteten Vorspannankern. Geotechnik 19, Nr. 1, 1996.

[30] Aberle u. v. a.: Edertalsperre 1994. Technische Dokumentation, herausgegeben anläßlich der Wiederherstellung der Staumauer. Hrsg.: Wasser- und Schiffahrtsverwaltung des Bundes, Wasser- und Schiffahrtsdirektion Mitte, Hannover, 1994.

[31] Kardel, J. und Dietz, K.: Ausführung der Ankerarbeiten in den Kavernen sowie Ein- und Auslaufbauwerken am Pumpspeicherkraftwerk Goldisthal. Veröfftl. 14. Nat. Symp. Für Felsmechanik und Tunnelbau, EUROCK 2000, Aachen, 2000.

[32] Abraham, K. H. und Porzig, R.: Die Felsanker des Pumpspeicherwerkes Waldeck II. Baumaschine + Bautechnik, Heft 6 und 7, 1973.

[33] Meiniger, W.: Verankerung eines 40 m hohen Hangabschnittes im Keupermergel. Vorträge der technischen Akademie Esslingen, 1994.

[34] Empfehlungen des Arbeitsausschusses Baugruben EAB, 3. Auflage. Ernst & Sohn, Berlin, 1994.

[35] Empfehlungen des Arbeitsausschusses Ufereinfassungen Häfen und Wasserstraßen EAU. 9. Auflage, Ernst & Sohn, 1997.

[36] Grundsätze für die Berechnung der Tunnelbauwerke in offener Bauweise (GBOB), VZB – Verkehrsanlagen in Zentralen Bereichen Berlin, Berlin, 1995.

[37] Faoro, M.: Eignung von Faserverbund – Werkstoffen für Erdanker. Vorträge d. Technischen Akademie Esslingen/Verankerungen und Vernagelungen in der Geotechnik, Lg.-Nr. 12563/85.053, 1990.

[38] Stocker, M. und Gäßler, G.: Ergebnisse von Großversuchen über eine neuartige Baugrubenwand-Vernagelung. Tiefbau – Ingenieurbau – Straßenbau, Heft 9, 1979.

[39] Samaras, A., Gäßler, G. und Wichter, L.: Hangsicherung mit Dauerbodennägeln an der Neubaustrecke Mannheim – Stuttgart. Eisenbahntechnische Rundschau, H. 4, S. 217–220, 1988.

[40] DIN 21 521: Gebirgsanker für den Bergbau und den Tunnelbau, 1990.

[41] Schwarz, H.: Der Einsatz schwerer Felsanker im Erd- und Grundbau. Vorträge der technischen Akademie Esslingen, 1994.

Stichwortverzeichnis

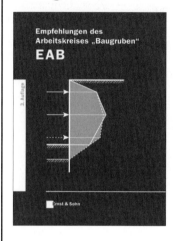